白蘿蔔煮過後，為何會……？

U0053842

未煮的白蘿蔔看起來是白色，是由於它富含纖維，光線照射時，會在纖維間的空隙反射回來。

當白蘿蔔煮熟，纖維吸收水分變軟，讓水分填充了空隙，光線穿透蘿蔔，看上去就會較透明了。

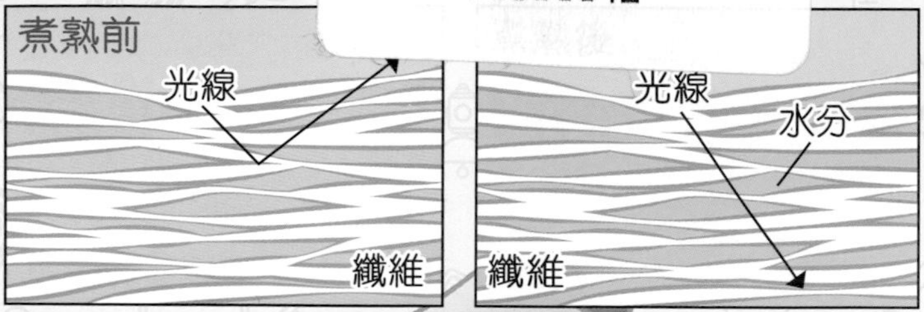

蝦煮熟後為何會變成紅色？

蝦殼中含有一種名為蝦紅素的紅色色素，蝦仍活着時，蝦紅素會與蝦體內的β-甲殼藍蛋白結合，呈灰藍色。當蝦經高溫加熱，蝦紅素與β-甲殼藍蛋白的結合變得不穩定，加上殼中其他色素被分解掉，只剩下蝦紅素，所以蝦殼就會變成紅色了。

二氧化碳會令蔬果營養變少？

植物進行光合作用時需要二氧化碳，當大氣中的二氧化碳含量上升，的確會令部分植物長得更快。可是泥土中的鐵、鋅、鎂、磷等養分維持不變，所以與一般植物相比，在高二氧化碳環境生長的植物只是個子大，營養反而減少。

吃植物為生的動物及人類雖然吃飽了，也有機會缺乏微量元素而生病！以二氧化碳保存的蔬果，數月後營養也會流失，不及採收後新鮮吃啊。

植物大百科

常綠植物會落葉嗎？

在秋冬時節經過公園時，總是滿地落葉，抬頭望去，高聳的大樹樹枝都光禿禿的。走到另一邊，一些樹木的樹葉卻完好如初，不但沒有掉下，連變黃也沒有呢！這些不會落葉的植物就是常綠植物了。

其實常綠植物也會落葉，只是葉子壽命較長，而且掉落後很快又會長出新葉子，一直更替，所以不會像落葉植物一樣只剩下樹枝了。

一年生與多年生植物

一年生植物指植物會在一年內經歷發芽、生長、開花，然後死亡整個過程，水稻、小麥、南瓜、向日葵等都屬於這種。

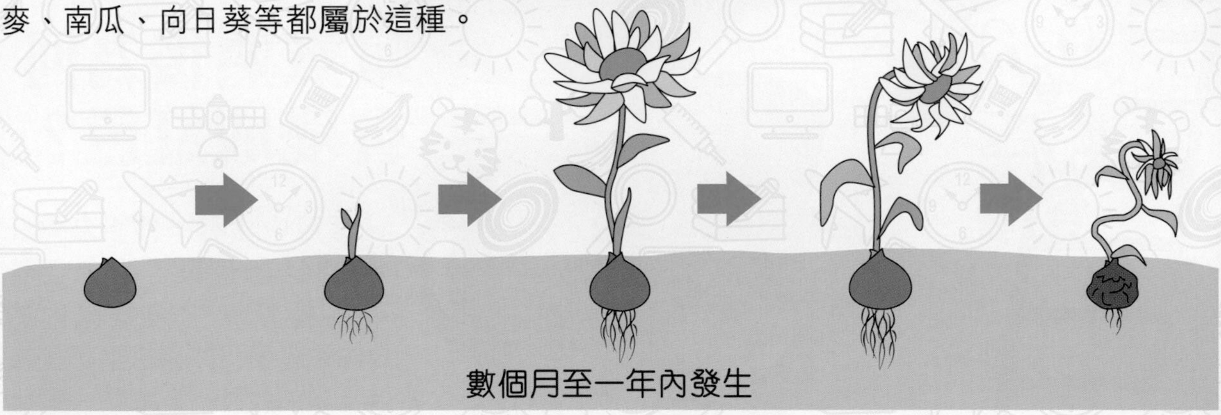
數個月至一年內發生

多年生植物指能生存兩年以上的植物，它們在開花和結果後仍不會枯萎，來年又再次開花。多年生植物分成兩種，一種只有地下的根莖生存，地面部分枯萎，如大麗花、鳶尾等；另一些則地上和地下部分均會存活，如文竹、旱金蓮等。

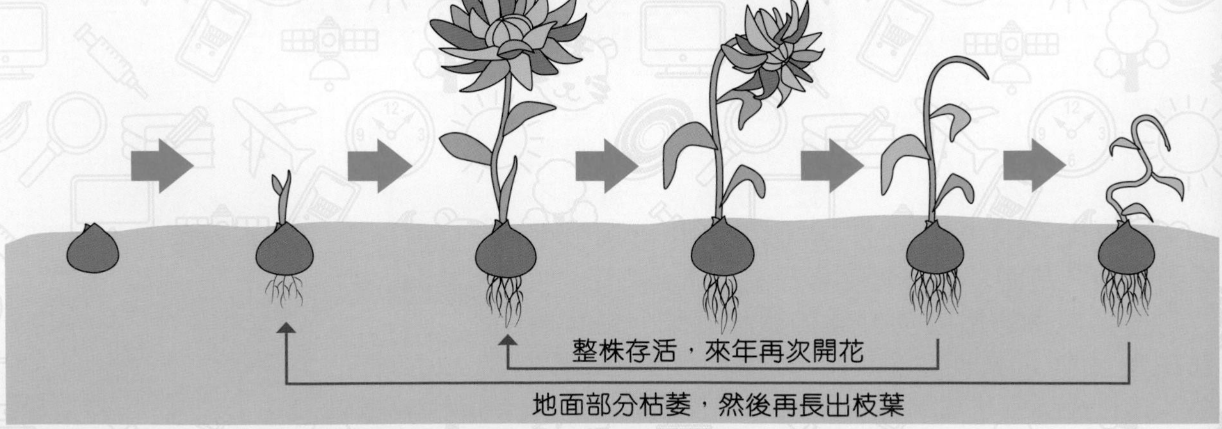
整株存活，來年再次開花
地面部分枯萎，然後再長出枝葉

原來植物有這麼多種類！
它們還有更神奇的地方啊！

植物會說話？

HELP!
?

植物在發芽生根後就無法移動，所以對周圍環境變化有敏銳的感覺，也能用各種方法作出反應，例如分泌化學物質或發出電子訊號，通知其他樹正面臨危險。

有研究發現，植物在缺水或受傷時，會發出聲波「求救」。只是人類聽不見那聲波的頻率，就算用儀器接收到也不懂得解讀而已。

我聽到這邊有蜜蜂，快分泌花蜜。
等等，那邊的葉被毛蟲咬，要先防禦牠！

植物與動物的互利關係

雖然人類不知道植物在說話，可是動物知道啊！植物和動物間的互動比我們想像中更多呢！

有些需要蜜蜂傳播花粉的植物，聽到蜜蜂拍翅的嗡嗡聲時，會分泌較多香甜的花蜜來吸引牠們，對其他動物就不會有這種「招待」了。

面對敵人時也一樣，當同類被毛蟲啃咬，有些植物會分泌防禦物質，令對方不敢接近，亦有植物會發出氣味，吸引食蟲昆蟲或雀鳥來保護自己。

植物的互聯網

在大自然中，細菌和真菌隨處可見，它們會分解死去的動植物，也會在泥土中形成「網絡」，在樹木間傳送養分及分享資訊。

有些植物會照顧落在附近的種子，提供養分，令小幼苗健康生長，而它自己亦會生長得更好。

這「網絡」當然也有缺點，如果一棵樹患病，疾病有機會傳送給別的樹。有些強勢的植物，甚至會釋放出有毒物質，干擾其他植物生長，讓自己能搶佔更多地盤啊！

植物世界比我們想像的複雜很多呢！

動物大百科

貓和狗哪個聽覺較好？

聲音高低會以頻率表示，單位是赫茲（Hz），數字愈大代表頻率愈高。人類聽到的頻率範圍大概是 20 至 2 萬 Hz，狗則約 40 至 6 萬 5 千 Hz，貓更厲害，能聽到 30 至 7 萬 5 千 Hz。如同每個人的聽力會有差異，貓狗的聽力也根據品種及年紀有所分別。

貓狗能聽到很多人類聽不到的聲音，對音量亦很敏感，所以在打雷、燃放煙花爆竹、產生巨大的生活噪音時，牠們都可能害怕啊。

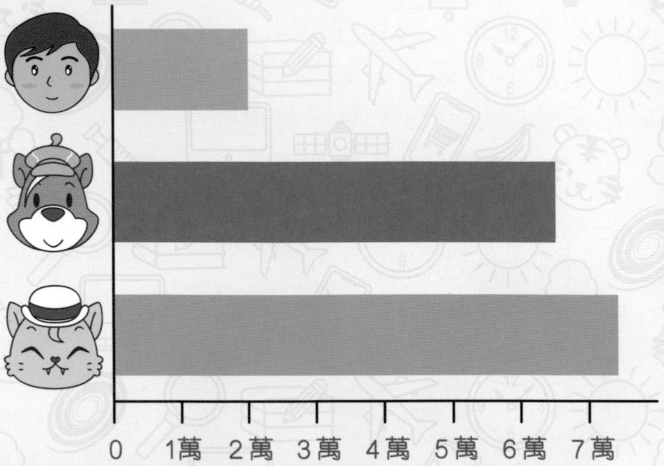

↑雖然貓狗的嗅覺都很好，可是很難訓練貓嗅到特定氣味後告訴我們呢。

狗的嗅覺比貓好？

在《大偵探福爾摩斯㉛芳香的殺意》中，介紹過狗的嗅覺有多厲害，可是貓的嗅覺也不差啊！

狗的嗅覺靈敏，鼻腔表面（嗅上皮）面積大，約有 18 至 150cm^2，擁有多達 1.5 億至 3 億嗅覺細胞，還擁有「犁鼻器」的輔助嗅覺器官。而貓的嗅上皮面積約 20cm^2，嗅覺細胞有約 2.4 億，雖然嗅覺細胞不及狗，但貓的犁鼻器比狗更厲害，整體來説貓狗的嗅覺一樣好啊！

人類的視覺比貓狗好？

人類對顏色的分辨能力比貓狗好，狗只看到藍、紫及黃色色調，貓則只能分辨藍、綠、紫及黃色色調。

可是貓狗的動態視力都比人類強得多，對於快速移動的物體能看得一清二楚。牠們的夜視能力亦很厲害，所以在晚上，就算只有微弱光線，也能看到黑暗中的一切啊！

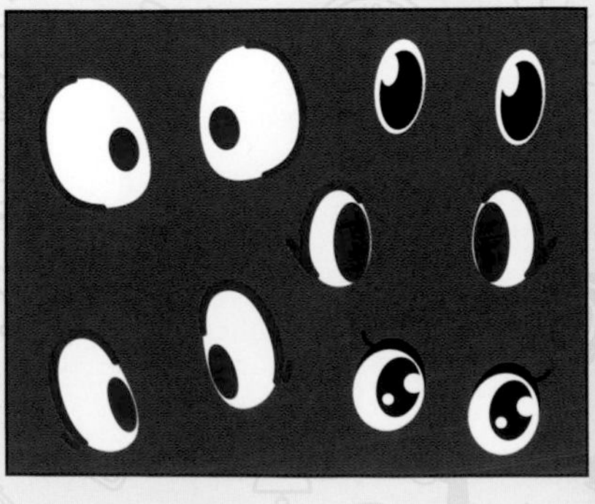

長頸鹿的頸骨數量與人類一樣？

長頸鹿的頸這麼長，但牠的頸骨數量與人類一樣，只有七節。不止長頸鹿，受基因影響，大部分哺乳類動物的頸骨都有七節，只有非常少數例外。

雖然長頸鹿頸骨數量與我們相同，但比我們靈活得多，因為牠們的頸骨間有球狀關節，活動角度很大，牠們甚至會用頸來打架呢！

斑馬的皮膚是黑色還是白色？

生物學家發現不管是哪個品種的斑馬，皮膚都是黑色的，然後部分皮膚長出白毛，形成黑白相間的紋理。

這些斑紋對斑馬來說有很多作用，首先它能為斑馬降溫，科學家測試過，白色斑紋與黑色斑紋的地方，溫度相差十多度。而且花紋能令馬蠅混亂，「看」不到斑馬，保護牠免受傷害。

獅子和老虎從未一起生活？

獅子生活在非洲和亞洲的熱帶草原、乾旱的草叢和半沙漠地帶，老虎則主要生活在亞洲的雜木林和密林地區，需要大量水源，以供牠們躲藏和獵食。

由此可見，兩者重疊的生活環境不多，除了人工飼養外，獅子和老虎不太可能一起生活呢！

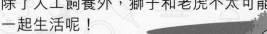

太陽的結構

宇宙大百科

宇宙沒有空氣，為何太陽能燃燒？

太陽的主要成分是氫，其次是氦。在太陽的高溫和高壓下，兩個氫原子核會融合成一個較大的氦原子，在過程中釋放出大量熱能和光能，稱為「核聚變」，這過程會發生在太陽核心，核心的溫度高達攝氏 157 萬度呢。由於太陽發出光和熱不是燃燒，所以不需要氧氣。

太陽能量以輻射傳播

熱的傳遞方式有三種，分別是熱傳導、熱對流和熱輻射，太陽能量就是以電磁波輻射傳向地球的。

太陽輻射主要是短波，短波的能量很強，能令被照射物體在短時間內溫度上升，部分則反射回空中。物體被短波加熱後，會釋放出長波，令周圍溫度上升。在晚上沒有太陽的時候，物體會繼續釋放長波，所以我們仍會感到熱了。

核聚變 VS 核裂變

太陽輻射與核電廠的輻射有甚麼分別呢？太陽輻射是核聚變，即以細小的原子核融合，釋放出能量。而核電廠用的是核裂變，以高能量撞擊大原子核，令它分裂變小，釋放出能量。

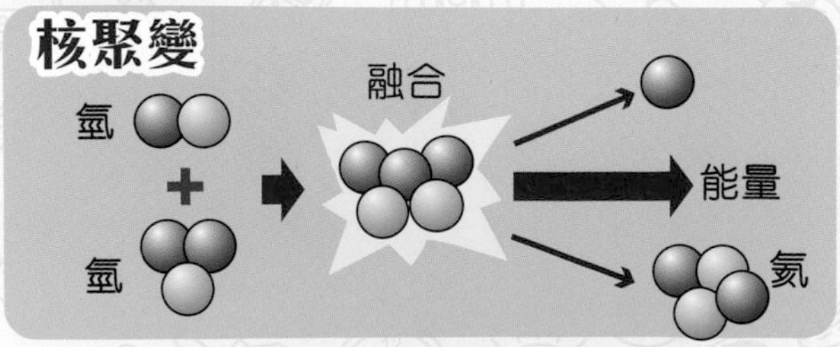

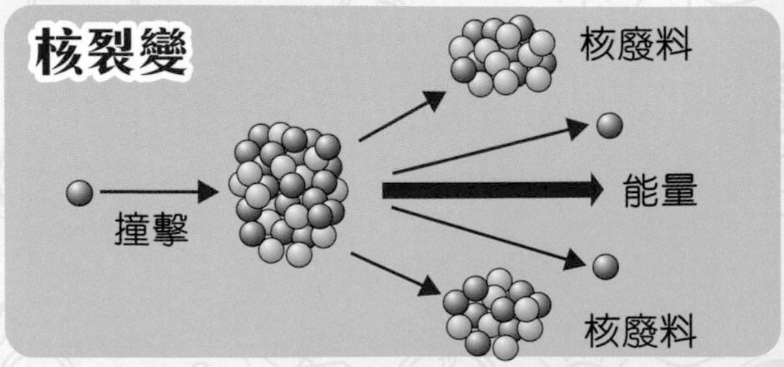

核聚變餘下的放射性物質衰退期較短，是比核裂變環保的能源。現在多個國家的研究機構能用高溫高壓，模擬太陽的核聚變，可是最高紀錄只能維持一千多秒，要以核聚變發電，估計仍須二三十年時間。

Photo Credit: NASA

木星有眼睛？

木星上有個著名的「大紅斑」，又叫「木星之眼」，它是木星上一個巨大的風暴，而且已經維持了數百年。

在 1800 年代觀察到時，大紅斑呈橢圓形，最寬達 41,000 公里，可是它一直縮小，漸漸變得接近圓形，在 2021 年觀察到只有約 15,000 公里，但仍然比地球大呢！有專家估計再過數十年大紅斑就會消失，可是它的平均風速正在加快，將來會如何發展仍是未知之數。

木星環是甚麼？

木星是繼土星和天王星後，第三個發現有環的行星。木星有四個環，主要由塵埃組成，很稀薄脆弱，所以科學家在 1979 年才注意到它的存在。

木星環共分四部分，由內至外分別是光環、主環、阿馬爾塞薄紗光環和底比斯薄紗光環。

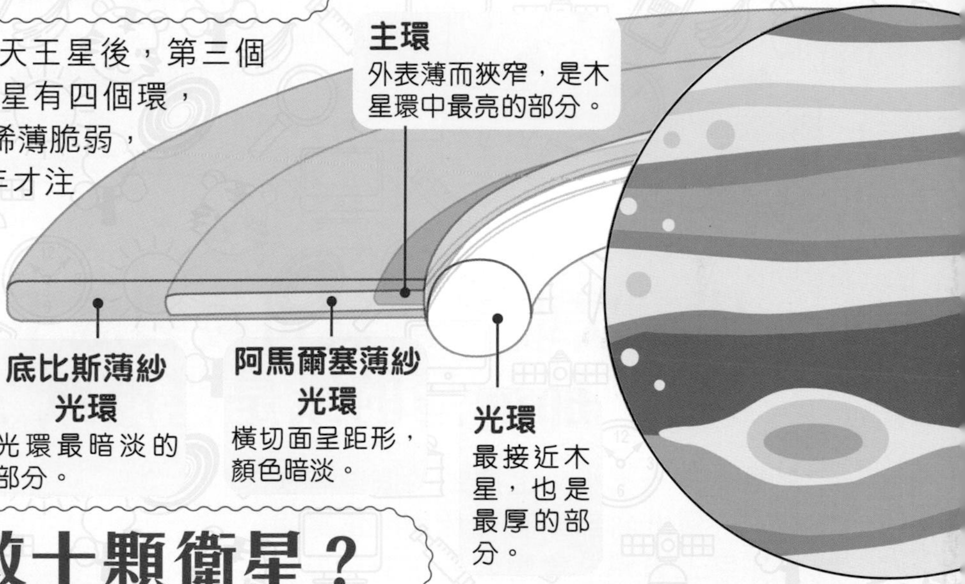

木星有數十顆衛星？

國際天文中心在 2018 年發佈發現 12 顆新衛星後，木星的衛星已達到 79 顆。有天文學家估計木星的衛星可能有上百顆，可是新發現的星體都須觀察一段時間，確認軌跡後才會正式公佈，所以未來可能還有更多發現呢！

木星最大的衛星有四顆，都是在 1610 年由伽利略發現的。其中木衛三比水星還要大，是太陽系中最大的衛星。而木衛二的冰層外殼下可能有海洋，含水量可能達地球的兩倍，科學家正研究它是否適宜人類移居啊。

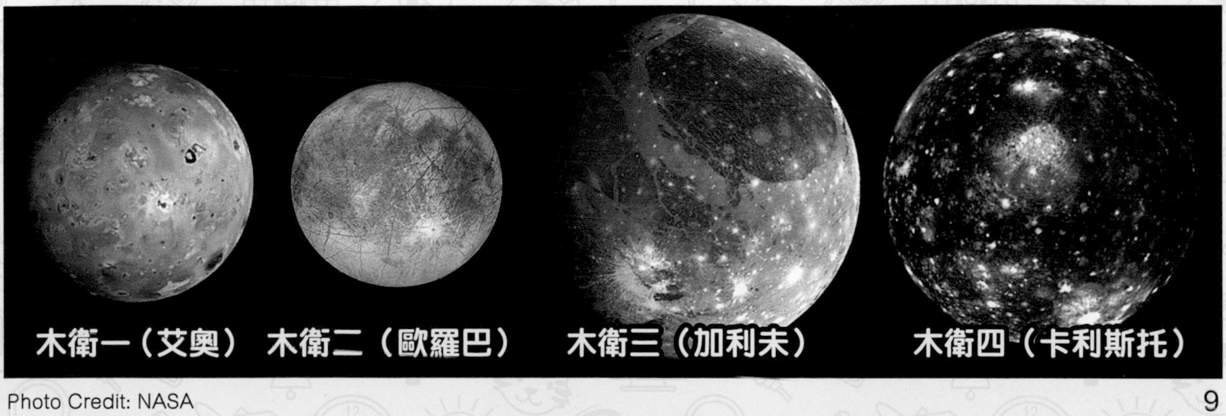

Photo Credit: NASA

咦？我們回來了？
這是電腦模擬的房間，放了各種東西，慢慢看吧！

生活大百科

收據上的字為何放久了會褪色？

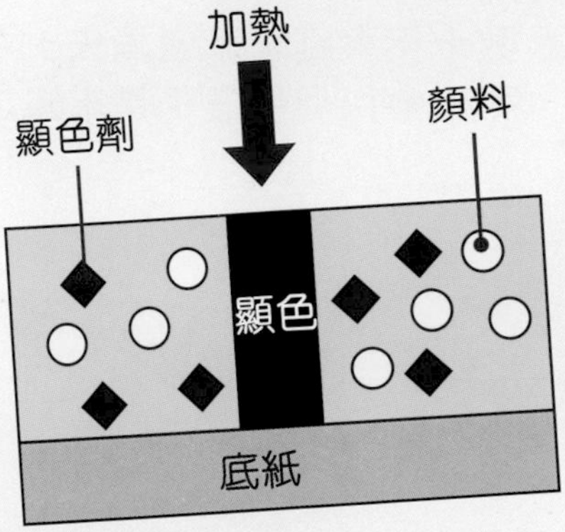

收據用的紙多是熱感紙，它不是用油墨，而是以熱力把字「打印」上去。熱感紙是在底紙上塗上顏料和顯色劑，塗層遇熱會轉色。所以用指甲或硬物刮過熱感紙，也會生熱導致變色啊！

熱感紙的塗層很容易會與熱力和水分產生化學反應，令字褪色，要想好好保存，就要放進密封袋，放在沒有陽光和陰涼的地方。要丟掉的話，塗層上有不同化學物質，不能丟到回收箱啊！

印一次收據，就可複製底下數張，那薄薄的紙是甚麼紙？

那是無碳複寫紙，上層紙的底部有墨水囊，下層紙面部則有顯色劑。當寫字或打印字上去時，會壓破墨水囊，墨水接觸到下面的顯色劑就會轉色，把字複印到下層紙上了。如果是多層的複寫紙，中層紙面部有顯色劑，底部有墨水囊，所以能複寫多層了。

與熱感紙相比，無碳複寫紙上的字能保存較久，可是它也不能回收再造啊！

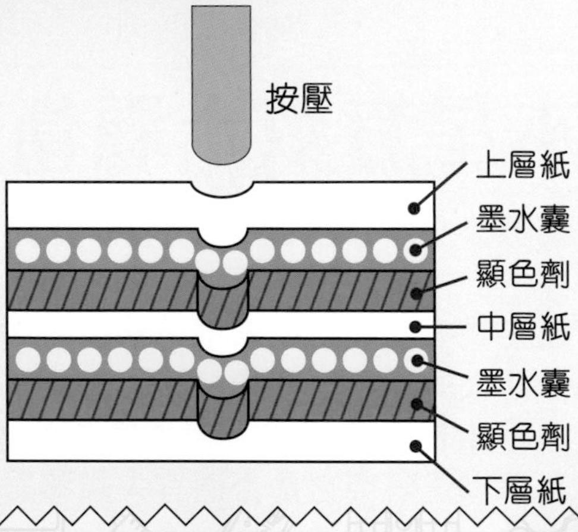

小遊戲

自製複寫紙

有無碳複寫紙，當然也有碳式複寫紙了。碳式複寫紙是背面有碳粉塗層，放在白紙上按壓，就能把碳粉轉移至白紙。只要模仿這原理，就能輕易自製複寫紙了。

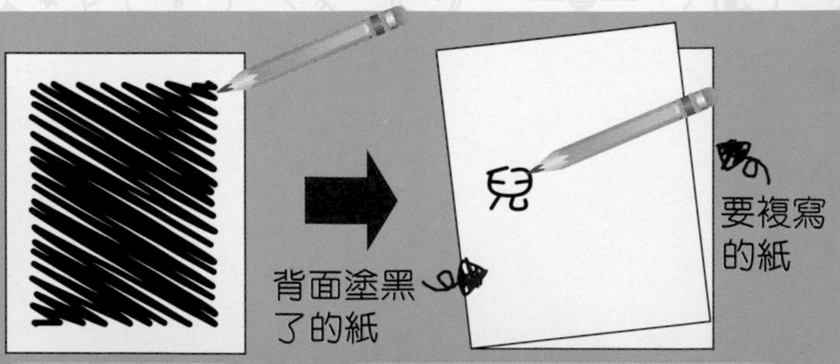

❶ 把白紙背面用鉛筆塗勻。

❷ 把紙轉回正面，塗黑那面向下，放在要複寫的紙上。

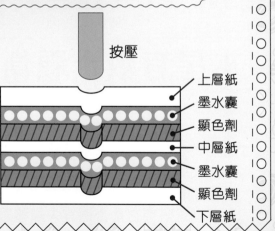

微波爐為何能令食物變熱？

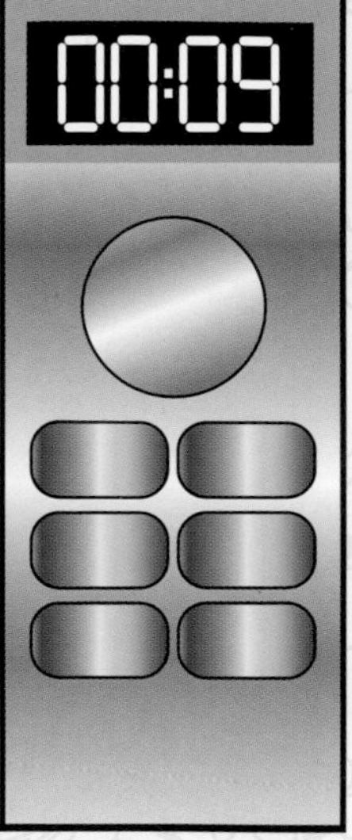

微波爐產生的微波能穿透食物，令食物內的水分子振動，水分子互相碰撞摩擦時會產生熱量，而這振動在整個食物中同時發生，所以微波爐能在短時間內煮熟及加熱食物了。

或許大家聽說過微波爐輻射有害，其實微波無法穿透金屬，所以金屬製外殼和門上的金屬網已能防止微波外洩。

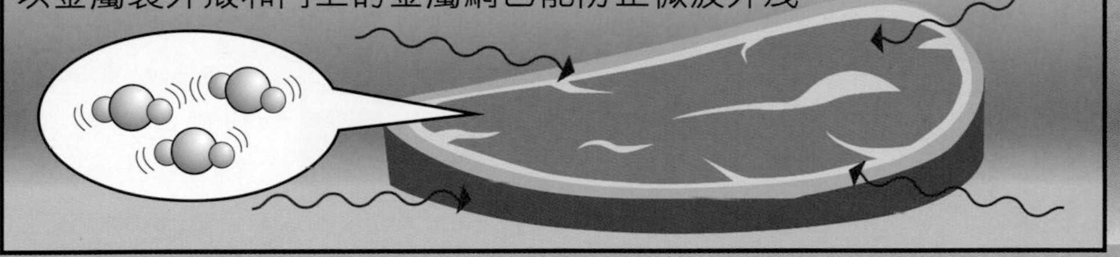

可放進微波爐的器皿

微波能穿透絕緣體，所以可用陶瓷、耐熱玻璃、耐熱塑膠等。

不可放進微波爐的器皿

有金屬邊的陶瓷碗
微波遇到金屬就會反射，所以金屬和有金屬邊的陶瓷碗都不行。

電壓和電源頻率為何有不同？

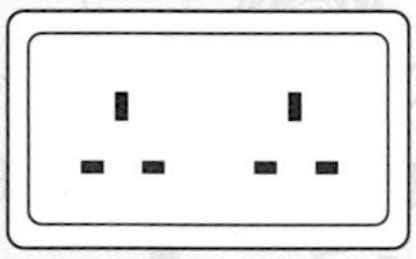

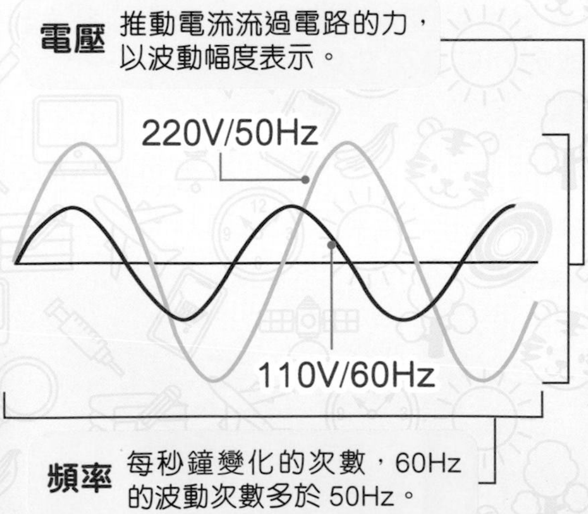

電壓 推動電流流過電路的力，以波動幅度表示。
220V/50Hz
110V/60Hz
頻率 每秒鐘變化的次數，60Hz 的波動次數多於 50Hz。

買回家的電器無法使用？很大機會因為製造國家的電壓或頻率與香港不同啊！世界各地的電壓主要分為 100V~127V 及 220V~240V 兩類，而頻率則是 50Hz 及 60Hz。

在美國，電力由愛迪生改良燈泡及鋪設電線後開始普及，當時愛迪生使用的是直流電，現在雖然已改為交流電，但仍使用電壓較低的 110V。而在歐洲，因特斯拉的交流電適合遠距離傳輸，所以採用了交流電及電壓較高的 220V。想知道更多直流電與交流電之爭，可看《誰改變了世界？》①及②。

基本上受美國影響多的地方會用 110V 及 60Hz，受歐洲影響的則用 220V 及 50Hz。香港的電網在港英時期鋪設，所以使用 220V。最有趣的是日本，雖然關東和關西的電壓都是 100V，但頻率不同啊。

如果電器不是長時間使用，可以變壓器和變頻器調整電壓和頻率。

一樓不是一樓？

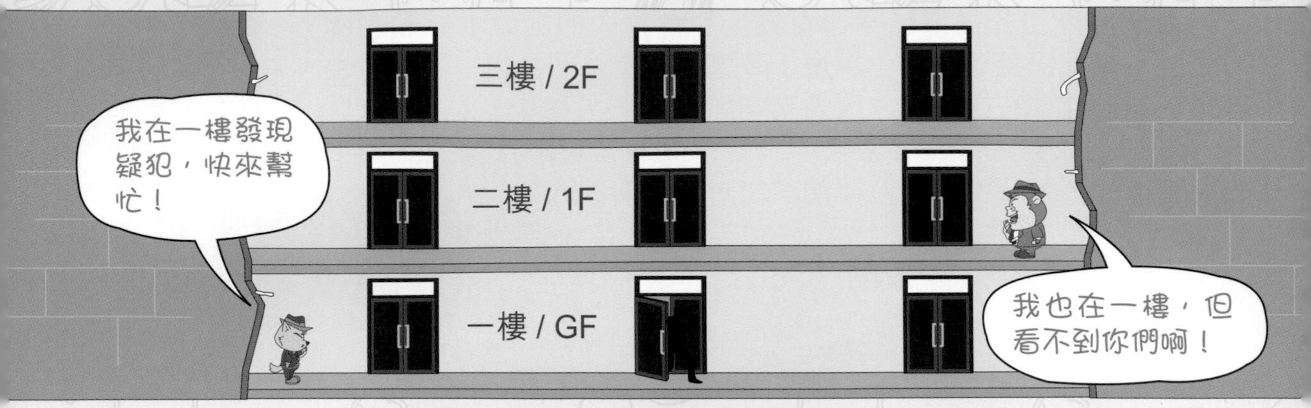
三樓 / 2F
二樓 / 1F
一樓 / GF
我在一樓發現疑犯，快來幫忙！
我也在一樓，但看不到你們啊！

從街上打開大門，進入大廈內，香港人習慣稱這樓層為「地下」或「大堂」，可是在不同地方的叫法不一樣！中式和美式會稱連接街道的樓層為「一樓（first floor）」，而英式則稱為「地下（ground floor）」，再上一層才是「一樓」。香港的英文地址用英式寫法，因而在一些唐樓出現中英文樓層寫法不同的問題。

除了數字外，香港一些樓層的英文縮寫也令人混淆。

- UG = Upper Ground 地面上層
- LG = Lower Ground 地面下層
- B = Basement 地底層
- MTR = 連接地鐵樓層
- C = Concourse 大堂層
- UC = Upper Concourse 大堂上層

你還看過其他嗎？

消失的 4 樓和 13 樓

你曾經在按電梯時找不到「4」字嗎？有些大廈甚至連「13」和「14」也沒有！因為在一些亞洲語言中，「4」與「死」的發音相近，連帶「14」也成了忌諱。「13」則與歐美宗教傳統有關，聖經描述耶穌與十二個門徒共晉晚餐後，就被其中一個門徒猶大出賣，晚餐時合共 13 人，所以「13」就帶有背叛或死亡等負面意思。

當然禁忌並非絕對，有很多大廈會保留這些層數，以免引起混亂。

9 19
8 18
7 17
6 16
5 15
3 12
2 11
1 10
不管幸不幸運，問題是按不到啊！

幸運數字

不論在亞洲還是歐美，亦有視為幸運和禁忌的數字，人們普遍喜歡用幸運數字，避開禁忌數字。

7

在歐美，「7」是幸運數字，神用了六天創造萬物，第七天休息，所以「7」表示完整。

8

在華語中「8」與「發」發音相近，有財富的意思。而且華人一般喜歡雙數，取其好事成雙的意頭。

9

中國人認為「9」是最後一個個位數，表示長長久久。可是日本討厭「9」，因為發音與「苦」相近。他們也較喜歡單數，討厭雙數，因為雙數能均分，暗示着分離。

飛行記錄儀是橙紅色，為何會叫「黑盒」？

俗稱「黑盒」的飛行記錄儀由澳洲科學家戴維．沃倫發明。他取得博士學位後在航空研究實驗室擔任研究員。

當時英國的哈維蘭「彗星」客機接二連三墜毀，沃淪受命研究墜毀原因。沃倫也樂於接任這工作，因為他的父親在 20 年前死於飛機失事，可是失事原因和飛機殘骸卻從未找到。

一天，沃淪突然想到，如果可以知道飛機墜毀前的對話，是不是就能找出失事原因呢？他開始改良錄音設備，令它能連續不斷錄音兩小時，錄完後就倒帶，再繼續錄音，最後加上一個不易損毀的盒子，就成了第一個飛行記錄儀了。

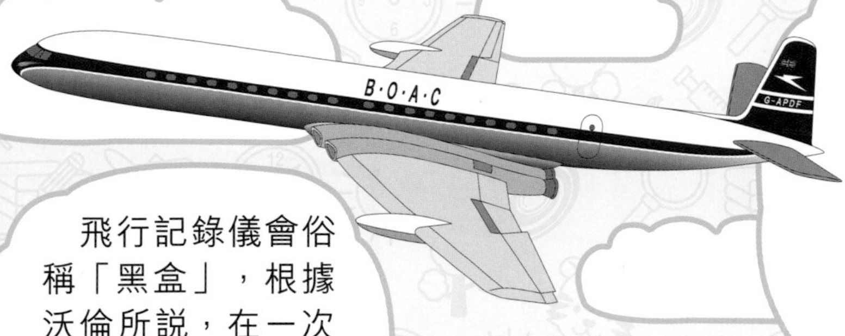

可惜這發明並不受澳洲機師歡迎，他們不想在駕駛中全程被「監視」。英國卻對沃倫的發明深感興趣，他們聯絡上沃倫，為他的發明量產，安裝在客機上。可是這飛行記錄儀並不是黑色，而是在失事現場容易看到的橙紅色，並加上「不可打開」的字樣。

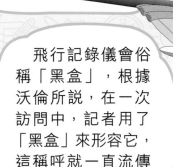

飛行記錄儀會俗稱「黑盒」，根據沃倫所說，在一次訪問中，記者用了「黑盒」來形容它，這稱呼就一直流傳下去了。

「黑盒」如何幫助調查飛行事故？

飛行記錄儀有兩個，分別是「飛行資料記錄器」和「駕駛艙通話記錄器」。飛行資料記錄器是記錄飛機升降、機師操作等資料。駕駛艙通話記錄器是記錄機師的廣播訊息及與控制塔之間的對話等。研究人員根據這些資料，能推斷出當時的飛行和天氣狀況、機件故障、操作錯誤等。

兩者都安裝在失事時較能完整保存的機尾位置。它們能抵受高溫、高壓和衝擊。

可是，曾經有飛機墜進海中，黑盒泡在水中太久而無法修復。

黑盒竟然不是黑色？
教授蛋也不是一顆蛋吧！
對……

大偵探福爾摩斯
SHERLOCK HOLMES

實戰推理短篇
樂譜的呼救

夏洛克
天資聰穎，長大後成為了倫敦最著名的私家偵探。

猩仔
少年時代的李大猩，頑皮又好勝。

厲河=原案 / 監修　陳秉坤=小説 / 繪畫

陳沃龍、徐國聲=着色

一輛黑色的馬車在街上飛馳。

車中，麥克探長緊盯着坐在他對面的男人。

為了追捕眼前這個**謀財害命**的犯人，麥克已經有一整天沒睡了。雖然很累，但能夠把這名**潛逃多時**的頭號通緝犯緝拿歸案，麥克還是相當高興的。

「**飛天豹**，你最終還是被我擒獲呢。」麥克説。

「哼！我一定會逃走的。」飛天豹**悻悻然**地説。

「是嗎？你快要被送進監牢了，恐怕你**插翅難飛**啊。」

飛天豹像隻鬥敗了的公雞似的，**默不作聲**地低下頭來。

看到飛天豹這個**垂頭喪氣**的樣子，麥克本來繃緊的神經不禁鬆了下來。他看着窗外的風景，心想：「只要把他押送到蘇格蘭場，我就可以回家好好睡一覺了。」

想到這裏，忽然，一股強烈的倦意隨即襲來，麥克禁不住打了一個**呵欠**。

就在這一剎那，「**蹦**」的一聲響起，麥克感到下巴閃過一下強烈

的痛楚，並迅即**眼前一黑**！

「遇襲了！」同一瞬間，麥克意識到是飛天豹用頭猛撞他的下巴！

「可惡！」麥克定一定神，正想往飛天豹撲去時，只見對方已一腳踢開了車門，並**縱身一躍**跳出了車外！

「啊！」飛天豹在地上打了幾個跟頭後，迅即站了起來，並**一個箭步**往大街的方向奔去。

「混蛋！別想逃！」麥克掩着流血的鼻子跳下馬車，拔腿就追。但飛天豹跑得很快，轉眼間已拐過了街角。麥克緊隨其後，也慌忙拐過街角追去。可是，他一拐彎，就愣住了。

街道上**人頭湧湧**，飛天豹已混入人羣之中，失去了影蹤。

「豈有此理！」麥克一腳踢到身旁垃圾桶上，氣得**七孔生煙**。

「**新丁1號**！走快點！走快點！快要開始啦！」猩仔拚命催促。

「嘉年華會要到晚上才結束，你這麼急幹嗎？」夏洛克**不急不躁**地跟在猩仔後面。

「哎呀！獎品不等人呀！會場內有很多**攤位遊戲**，不快一點玩的話，獎品會給別人拿光呀！快走、快走！否則我會憋出大響屁來啊！」猩仔回過頭來大叫，雙頰已急得漲紅。

「甚麼？**憋出大響屁**？」夏洛克被嚇得大驚，「千萬不要！你忍着，我快一點就是了。」說完，他慌忙急步往前追去。就在這時，他的眼尾卻瞥見有人**閃閃縮縮**地躲在一個垃圾桶的旁邊，**形跡非常可疑**。

然而，當他定睛再看時，卻發現那不是別人，竟是一個他們熟悉的警探。

「咦？那人不是雷斯嗎？」夏洛克拉住猩仔說。

「雷斯？」猩仔也定睛一看，果然是雷斯。

「雷斯！哈哈，你竟然**開小差**來嘉年華會玩耍！」猩仔一個箭步衝到雷斯背後叫道。

「**哇！**」雷斯被突如其來的叫聲嚇得**人仰馬翻**，一屁股就坐到垃圾桶上去。

雷斯好不容易從垃圾桶爬起來，詫異地問：「猩仔？夏洛克？你們為甚麼會在這裏的？」

「還用問嗎？當然是來參加嘉年華會呀！」猩仔興奮地說。

「噓，輕聲一點。」雷斯突然**壓低嗓子**說，「為保安全，你們還是馬上離開吧。」

「為甚麼？」夏洛克問。

「是這樣的。」雷斯神經兮兮地往四周看了看，「一個綽號飛天豹的逃犯逃到這裏後突然**人間蒸發**。我們已包圍了附近一帶，並設了檢查關卡，但暫時還未發現他的影蹤，相信他已潛進嘉年華會中躲了起來。」

「甚麼？有逃犯？還躲進了嘉年華會？」猩仔瞪大了眼睛，「為甚麼不進去**搜捕**？」

「哎呀，別那麼大聲啊。」雷斯慌忙按住猩仔的大嘴巴，「這裏**遊人如鯽**，飛天豹為人又**心狠手辣**，為免**傷及無辜**，我們不能進行大規模的搜查啊。」

「哇哈哈！太好啦！又是少年偵探團G表演的時候了！」猩仔撥開雷斯的手，**神氣十足**地說，「不管那個甚麼豹懂得**飛天遁地**，我和新丁1號都會把他揪出來的！」

「不行！不行！太危險了，我不能讓你們插手。」雷斯連忙制止。

「但是光等也不是辦法呀。」夏洛克想了想，說，「我們在會場內到處走走，如看到可疑的人就通知你。這樣的話，就不會有危險了。**反正我們是小孩子，不會引起逃犯懷疑。**」

雷斯遲疑了一會，最後點點頭說：「好吧。但你們**萬事小心**，只可小心觀察，看到**惡形惡相又皮膚黝黑**的人就回來通知我。記住，絕不可**以身犯險**和擅自行動。明白嗎？」

「明白了。」夏洛克頷首道。

「放心吧！我們看到惡形惡相又皮膚黝黑的人，馬上就會把他**抓**回來的！」猩仔拍一拍自己的胸膛，然後一個急轉身，已往會場內奔去了。

「哎呀！他究竟有沒有聽懂我的吩咐呀？」雷斯被氣得**七孔生煙**。

「不用擔心，我不會讓他亂來的。」夏洛克丟下這麼一句，馬上往猩仔追去了。

夏洛克趕上猩仔時，剛好穿過掛滿氣球的大門，走進了嘉年華會會場。

「嘩！好多不同的攤位啊！」猩仔雀躍萬分，「你看！每個攤位後面都有個**小帳篷**，一定是放滿了獎品啊！我要**玩！玩！玩！**贏盡全場的獎品！」

「喂，這麼快就忘了重要任務嗎？」夏洛克沒好氣地提醒，「我們是來找可疑的人啊。」

「哎呀，你沒看到嗎？每個攤位前面都已擠滿了人，不快點玩的話，獎品會被其他人全部贏走啊。不如一邊玩一邊找吧。」

「不行，你不是立志要當警探嗎？警探必須先完成任務，才可以去玩呀。」夏洛克刺到了猩仔的**痛處**。

「哎呀，算了、算了。」猩仔不得已地說，「先找可疑的人吧。」

兩人一邊走一邊**小心翼翼**地觀察，連坐着休息的老人、一家大小的家庭客、**卿卿我我**的情侶和到處奔跑的小孩也不放過。

可是，兩人在場內觀察了半個小時，仍**一無所獲**。

「雷斯說那個飛天豹長得惡形惡相又皮膚黝黑吧？可是我們還沒有看到一個這樣的人啊。」猩仔有點喪氣地說。

「他是逃犯，當然是躲了起來吧。不會那麼容易給我們發現啊。」

「**等等！你看！**」忽然，猩仔眼前一亮，用力拍打夏洛克的肩膀大叫。

「發現飛天豹了？在哪？」夏洛克**萬分緊張**。

「不！那獎品呀！你看那攤位的獎品是甚麼！」猩仔指着一個解謎遊戲攤位叫道。

「哎呀，不是說好了先不要玩攤位遊戲嗎？」夏洛克氣結。

「不！你看清楚那個獎品才說吧！那是刻有**蘇格蘭場警章的密碼盤**呀！那是我的！我要定了！」猩仔說罷，已一個箭步衝到那攤位前面。

「小朋友，要來玩解謎遊戲嗎？只要答對問題，就能得到這個密碼盤啊。」店主看到猩仔跑過來，馬上**熱情地招待**。

「身為未來的蘇格蘭場幹探，當然要玩！」

「那麼，你只要付**1先令**，就可從箱子裏抽一道謎題。能破解的話，密碼盤就是你的了。」店主笑道，「不過，謎題並不易破解啊。」

「**少囉唆**！拿去吧！」猩仔掏出1先令塞過去，「我是破解謎題的**隱世高手**，你的獎品是我的了！」說着，他伸手一插一抽，就從箱子中抽出了一張謎題紙。

「唔？這道謎題是？」他盯着紙上的謎題，不禁皺起眉來。

「隱世高手，懂得拆解嗎？」店主笑問。

「嗚……嗚……」突然，猩仔雙手握拳**紮起馬步**，彷彿快要拉出屎來似的漲紅了臉。

謎題①：請問「？」代表甚麼？

「小朋友，你怎麼了？」店主驚訝地問。

「猩仔，千萬不要——」

但夏洛克還未說完，「**咘**」的一聲巨響傳來，猩仔已放了一個超大的臭屁。

「**哇！好臭呀！**」店主掩鼻慘叫。

「哇哈哈！我明白了，答案就是1吧！」猩仔叫道。

「傻瓜！你不放屁就不懂得思考嗎？」夏洛克罵道，「更糟糕的是，你還說錯了答案呀！」

「怎會？」猩仔自信滿滿地說，「有2、3和4，一看就知道只欠1啦！」

「**吭、吭、吭！**」店主被臭屁嗆得連咳數聲，搖搖頭說，「你的同伴說得對，你答錯了。」

「真的？那麼答案是多少？」猩仔不肯相信。

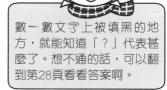

數一數文字上被填黑的地方，就能知道「？」代表甚麼了。想不通的話，可以翻到第28頁看看答案啊。

「是4，答案是4呀。」夏洛克沒好氣地說。

「為甚麼是4？」

「你看不到**填黑了的地方**嗎？」

「填黑？」猩仔仍不明所以。

「太棒了！」店主向夏洛克讚道，「這道謎題從沒有人答中，居然被你答中了。沒錯，答案就是4。這個**密碼盤**送給你吧！」

夏洛克仍未碰到密碼盤，猩仔已一手搶去：「我是團長，給我保管！」

奪過密碼盤後，猩仔突然亮出背面的警章圖案，神氣十足地叫道：「哇哈哈！**頭號通緝犯夏洛克**，我是蘇格蘭場幹探猩爺！快**束手就擒**吧！」

「你才是通緝犯！」夏洛克氣結，「那是密碼盤，不是警章，不懂得用就別**亂叫亂嚷**。」

「用？你知道怎麼用嗎？」

「算了，讓我教你吧。不過，我們還要找飛天豹啊，一邊找一邊說吧。」

「好呀。」

「密碼盤上的數字代表**加密金鑰**，只要把密碼盤的內輪，根據加密金鑰轉到A的位置，就會得知解密的方法。」夏洛克邊走邊說。

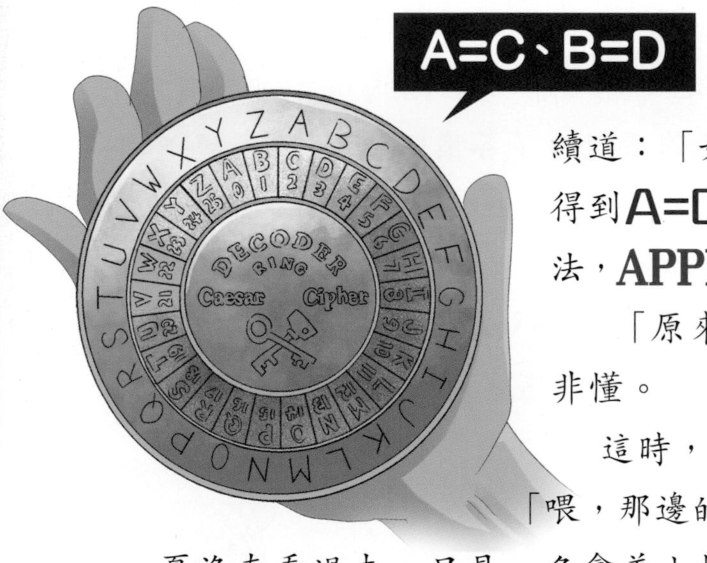

說罷，他把密碼盤上的A轉到跟2相對的位置，然後繼續道：「如**加密金鑰是2**的話，我們就得到**A=C**、**B=D**的加密法。依據這加密法，**APPLE**就會被加密成**CRRNG**。」

「原來如此，很有趣呢。」猩仔似懂非懂。

這時，不遠處的攤檔有人向他們叫道：「喂，那邊的小朋友，你們想聽演奏嗎？」

夏洛克看過去，只見一名拿着小提琴的紳士，臉上掛着**尷尬的笑容**向他們招手。

「你看不見嗎？我們很忙喔！」猩仔**一口拒絕**。

「不……不會花你們很多時間的。」紳士顫動着嘴唇說。

夏洛克發現紳士**額角冒汗**，笑容也不自然，感覺**事有蹊蹺**，便應道：「好呀！我們就來聽一曲吧。」說完，他用肘子撞了猩仔一下。

「謝謝你們。我叫奧圖，就讓我為你們演奏一曲吧。」

說着，他把小提琴擱在肩膀上，然後輕輕地一拉。就在那一瞬間，悅耳的樂聲隨即**翩然而至**，令人感到**如沐春風**。

然而，夏洛克聽着聽着，卻感到音符恍如時鐘的秒針似的，「**滴答滴答**」地一下又一下的躍動着。

可是，聽不到半分鐘，猩仔已**哈欠連連**，自顧自地玩起密碼盤來。

一曲過後，夏洛克大力鼓掌，又用肘子撞了猩仔一下。

「啊，你叫我**打賞**嗎？」猩仔會錯意，**不情不願**地從口袋中掏出了一枚銀幣。

「不……不用了。」奧圖卻**尷尬**地說，「但可以借你的密碼盤給我看看嗎？我覺得它很漂亮。」

「不用打賞？哈！賺了呢。」猩仔把銀幣塞回口袋中，「這個借給你看看吧！」說罷，就把密碼盤遞上。

「手工好精緻呢。」奧圖把A扭向**0的位置**說，「不過，這才是正確的位置啊。」

「**正確的位置？**密碼盤沒有甚麼正確的位置吧？」夏洛克心裏感到奇怪。

「喂！只是看看，不能亂動啊！」猩仔一手奪回密碼盤。

「對不起。」奧圖慌忙道歉。

「奧圖先生，剛才那首曲叫甚麼名字？」夏洛克問。

「啊……那是海頓的《**時鐘交響曲**》。」說着，奧圖往掛在攤檔上的大鐘瞥了一眼，「現在幾點了？奏着奏着，連時間也忘掉了呢。」

夏洛克感到對方**似有所指**，就往那大鐘看去。他這時才注意到，大鐘是**24小時制**的，而且每個小時的刻度之上都刻有不同音符，設計非常特別。

「你這個時鐘很特別呢，是英國製的嗎？」夏洛克試探地問。

「不，那是奧地利製的。」奧圖解釋道，「只有音樂之都維也納的工匠才會有這個雅興，以不同的音符來代表不同的時間。想起來，其實很像你們的密碼盤呢。」

「哎呀，別聽他囉囉唆唆的，我們走吧。」猩仔拉着夏洛克就想走。

聞言，奧圖有點慌了，連忙說：「那個……可以再聽我演奏一曲嗎？這首曲對我來說很重要的。」說着，他望了望密碼盤，又望了望時鐘。

「可以呀。」夏洛克察覺對方似有隱衷，於是爽快地答應。

「哎呀，我們還有要務在身，你怎可以只顧聽音樂啊！」猩仔不耐煩地抗議。

「奧圖先生說這首曲很重要，不聽怎麼行？」

「謝謝你們。」奧圖惟恐猩仔拉走夏洛克，馬上演奏起來。

然而，奧圖只拉了不到10秒，琴音戛然而止。

「完了，覺得怎樣？」奧圖有點緊張地問。

「你這樂曲也太短了吧。」猩仔說，「我放的響屁也比它長啊！」

「是嗎？短是短了點，但你們不覺情義很深嗎？」說着，奧圖用力地眨了眨眼。

夏洛克感到對方另有所指，就說：「我很喜歡這首曲，想學習一下，可以把樂譜寫給我嗎？」

「可以，當然可以。」奧圖喜出望外。

奧圖拿出紙筆，正準備抄寫樂譜時，突然，一個女聲從帳篷中傳來：「奧圖……不要做多餘的事。」

奧圖被嚇了一跳，慌慌張張地應道：「客……客人想

要樂譜，我……寫一份給他罷了。」

女聲沉默一會，說：「你寫完後，先給我看看。」

「好……好的……」奧圖說到這裏時，額角已流下了一顆**豆大的冷汗**。夏洛克眼底**寒光一閃**，都看在眼內了。

「抱歉，是內子。」奧圖解釋道，「她怕我寫錯樂譜。」

「別**囉囉唆唆**的，快寫吧！」猩仔更不耐煩了，「我們很忙的啊！」

「對不起，我馬上寫。」奧圖很快就寫好了，並馬上把樂譜往帳篷的縫隙遞去。這時，夏洛克瞥見一隻手從縫隙中伸出，迅速取走了樂譜後又縮了回去。

不一刻，那隻手又把樂譜遞了回來，並說：「沒問題了。」

「謝……謝謝。」奧圖**臉帶懼色**地應道。

「哎呀，還**磨蹭**甚麼？快把樂譜拿來！」猩仔無禮地催促。

「是的、是的。」奧圖慌忙把樂譜遞上。

夏洛克接過後看了看，以**炯炯有神**的眼睛盯着奧圖說：「謝謝你，我會按照樂譜練習的。**有緣再會**。」

「好的，**有緣再會**。」奧圖看到夏洛克的眼神，用力地點點頭。

「走啦！走啦！」猩仔又再催促。

「好的，走吧。」

然而，當夏洛克隨猩仔走遠了後，卻突然拐到一個帳篷後面。

「喂！你怎麼了？」猩仔訝異。

「**情況危急**，我們快去找雷斯吧。」夏洛克壓低嗓子說。

「找雷斯？難道……？」猩仔赫然一驚。

「沒錯，**我已發現逃犯的藏身之處了**。」

「甚麼？在哪兒？」

「**就在奧圖身後的帳篷裏。**」

「你怎麼知道的？」

「看這樂譜就明白了。」

「明白？明白甚麼？」

「我正在學小提琴，懂得看樂譜，正式的樂譜是不會這樣寫的。」夏洛克解釋道，「依我看，這是奧圖給我們的**密碼信**。」

謎題②：
奧圖交給夏洛克的樂譜隱藏着甚麼意思？

「密碼信？」

「對。不過，要解開奧圖的密碼。我們需要兩樣東西：

① 密碼盤

② 奧圖的24小時制大鐘

只要細心比對——」

「哎呀，別故弄玄虛了，直接説出信中內容吧！」猩仔嚷道。

「好的。簡單而言，把這些音符轉成文字，就是『wife was held hostage fugitive』。雖然文法不通，但我相信句子的意思是『*內子被逃犯脅持了*』。所以，飛天豹一定就在奧圖身後的帳篷內！」

「原來如此！那麼我去找雷斯，你在遠處監視，等我回來才行動！」

「好！就這麼辦！」

「嘿！」猩仔亮出密碼盤上的警章圖案，**威風凜凜**地説，「我一定會把逃犯拿下的！」

密碼盤和24小時制的大鐘有甚麼關係？想不通的話，可以翻到第28頁看看答案啊。

過了不久，夏洛克和猩仔又來到了奧圖的攤位。

「奧圖先生。」夏洛克趨前打了個招呼。

「啊，你們來了？」奧圖**喜出望外**，但神情又有點**閃縮**。

「其實我也在學拉小提琴，為了答謝你剛才的演奏，我跟猩仔也想表演給你看看。請問方便借你的小提琴給我嗎？」夏洛克說着，暗中**遞了個眼色**。

奧圖意會，悄悄地朝夏洛克所看的方向望去。原來，**雷斯**正不動聲色地接近帳篷，看來即將會**有所行動**。

「那麼，請你表演吧。」奧圖緊張地吞了一口口水。

夏洛克接過小提琴，深深地吸了一口氣，然後慢慢提起琴弓，熟練地拉起小提琴來。悅耳的音樂隨即輕輕奏起，琴音恍恍如**小雨點**那樣，輕快地灑落大地。然而，隨着夏洛克拉動的速度加快，琴音或像**暴雨**、或像**急流**，**激情澎湃**地高低起落，聽得奧圖心跳也加速起來。

當夏洛克奏完一曲後，猩仔「**吭吭吭**」地清了清喉嚨，挺起胸膛說：「他奏得不錯吧？其實我更好啊，就讓我也為你獻唱一曲『**名偵探猩仔**』吧！」

內心正義烈如火♪奸黨惡賊定去除♫

敏捷身手烈如風♩鼠竊狗偷勢難逃♫

破盡奇案♪懲治罪惡♫

最強無敵♪英俊瀟灑♫

玉樹臨風♪名偵探猩仔♫

啦啦啦♫啦啦啦♩

猩仔用**破嗓子**忘我地唱着自己的原創歌曲，嚇得在附近覓食的野鴿子也**四散而逃**。因為，他的歌聲就像鐵叉子在面盆上用力刮那樣，**吱吱嘰嘰**的實在難聽得令人**毛骨悚然**。

突然，奧圖身後的帳篷傳出一聲慘叫：「很難聽呀！不要再唱了！」

接着，帳篷中走出一個**臉容扭曲**、拚命按着自己耳朵的男人。那不是別人，就是逃犯飛天豹！他忍受不了猩仔怪叫的攻擊，竟不顧**暴露身份的危險**走了出來。

就在這時，埋伏在附近的雷斯看準時機，猛然飛撲過去把他抓住。但飛天豹也非**善男信女**，只見他雙手用力一拉一摔，就把雷斯狠狠地摔到地上，並迅即奔向人羣。

但夏洛克**眼明手快**，一手奪過了猩仔的密碼盤，把它當作飛鏢一樣猛地擲去。「**嗖**」的一下，密碼盤不偏不倚地打在飛天豹的膝蓋上。

「**哇呀**」一聲慘叫響起，飛天豹已**應聲倒下**。這時，雷斯已翻身追了過來，他用盡全身之力把飛天豹壓在地上。同一時間，麥克探長也帶着增援趕到，一起把飛天豹制伏了。

「親愛的！」這時，奧圖的太太從帳篷中衝了出來。

「我們獲救了！」奧圖擁着太太**喜極而泣**。

「你太太沒受傷吧？」夏洛克趨前問。

「她沒事。謝謝你！」奧圖激動地說，「你察覺到我的求救吧？真聰明啊！」

「哈哈哈！我當然聰明！」猩仔**恬不知恥**地搶道，「你寫的密碼信實在太簡單了，我一眼就看懂啦！」

「是嗎？幸好你看得懂啊。那逃犯忽然衝進來**脅持內子**，又要求我繼續表演，以**瞞過警方的耳目**。我不敢反抗，只好照做。不過，當看到你們拿着密碼盤走過，就**靈機一觸**，把樂譜寫成密碼信求助了。太感謝你們啦！」

「不用客氣，身為未來的蘇格蘭場幹探，我是**義不容辭**的！」說到這裏，猩仔忽然想起甚麼似的問，「對了，我的密碼盤呢？」

「在這兒。」夏洛克撿起被**砸碎了的密碼盤**說。

「哇！怎會這樣的？」猩仔大驚失色。

「剛才把它當作**飛鏢**，才能制止飛天豹逃走呀。」

「**豈有此理！**氣死我啦！好不容易才贏得的獎品啊！」猩仔鼓起腮幫子憤怒地嚷着。忽然，他兩頰漲紅，「**轟**」的一下放了一個超大的響屁，嚇得周圍的人**雞飛狗走**。但可憐的飛天豹卻被臭屁擊個正着，「**嘭**」的一下倒在地上，**口吐白沫**的昏了過去。

解謎篇

謎題①

英文字母上有些部位被填黑了，數字其實是代表填黑部位的數量。所以，只要數一數被填黑的部位，就能得出答案是4。

謎題②

① 要解開樂譜之謎，必須對比密碼盤與24小時制的大鐘。

② 從而得出每個音符代表的英文字母。由於大鐘只有24個音符，所以並不包括Y及Z。

③ 比對樂譜，就能得出句子：

夏洛克估計全句應該是"My wife was held hostage by the fugitive."（「我的妻子被逃犯脅持了。」）

但由於情況危急，而且又沒有y的關係，所以奧圖在密碼信中省略了my及by等字。此外，由於奧圖的樂譜寫法，跟正式的樂譜分別很大，所以夏洛克一眼就看出箇中端倪了。

SHERLOCK HOLMES

大偵探福爾摩斯 盒子相架

巧手工坊

掃描 QR Code 進入正文社 YouTube頻道，可觀看製作短片。

大家與朋友遊玩時會拍照嗎？把照片沖印出來，放在相架中，還有福爾摩斯與你合照呢！

親子

所需材料

P. 29、31、33 紙樣

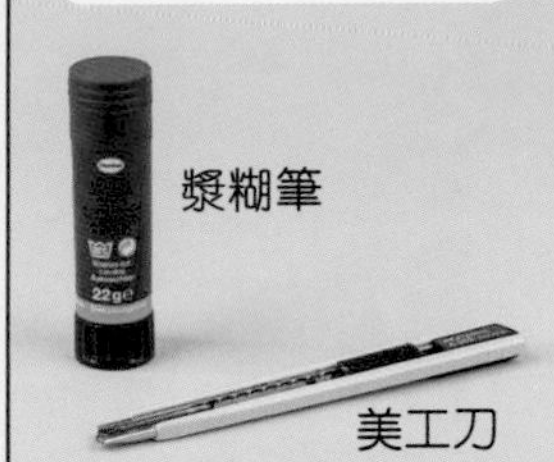

漿糊筆

美工刀

*使用利器時，須由家長陪同。

剛才明明看到唐泰斯，他跑到哪裏了？

製作難度：★★☆☆☆
製作時間：35分鐘

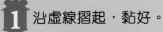

製作外盒

1 沿虛線摺起，黏好。

2 另一邊做法相同。

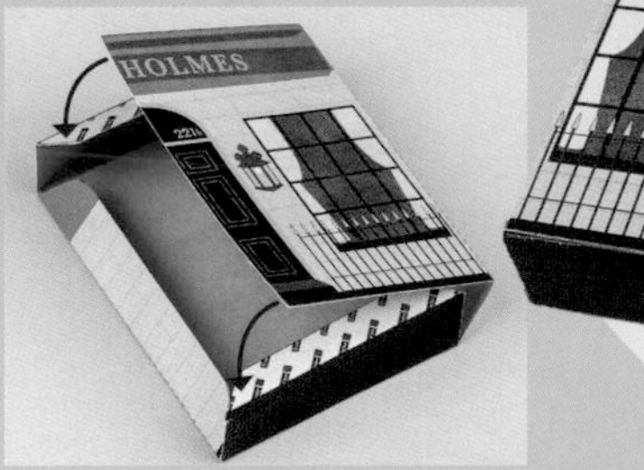

邊框

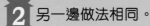

製作相框

3 四條邊框摺起，黏成長方形。

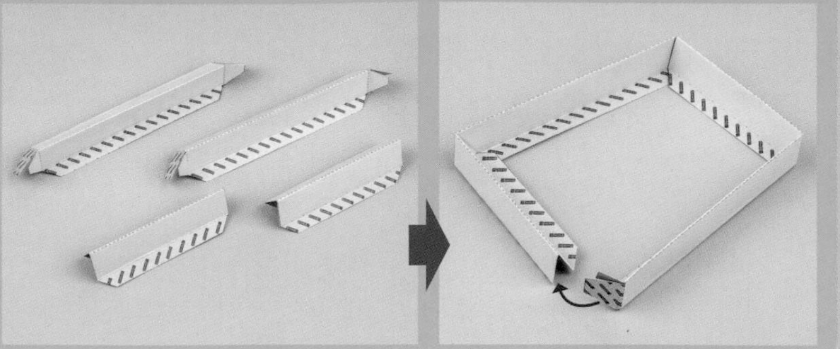

4 邊框對齊相框底黏好，然後貼上相框面。

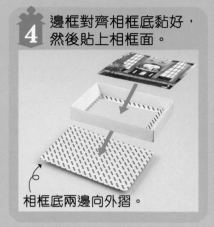

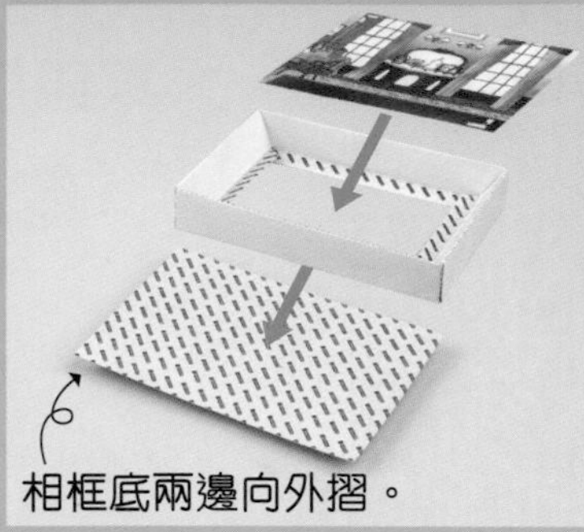

5 相框角貼在相框面。

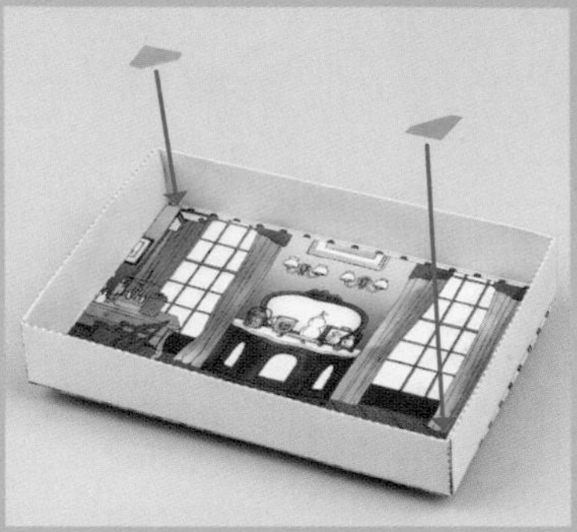

6 用角色紙樣裝飾盒內，也可剪去底座，貼在盒面。

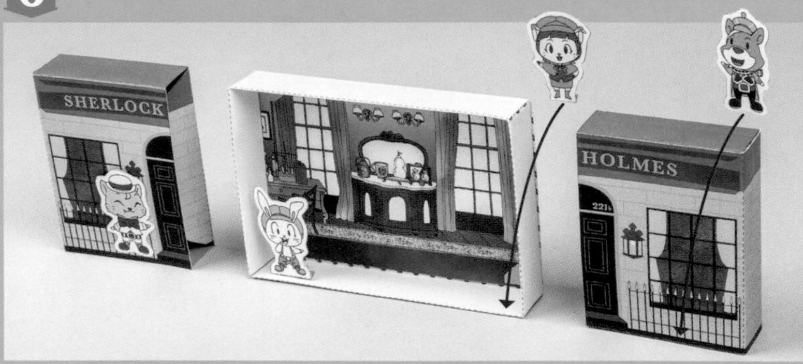

7 將相框套進外盒。

塗漿糊處	沿實線剪下	沿虛線摺
	————	- - - - - -

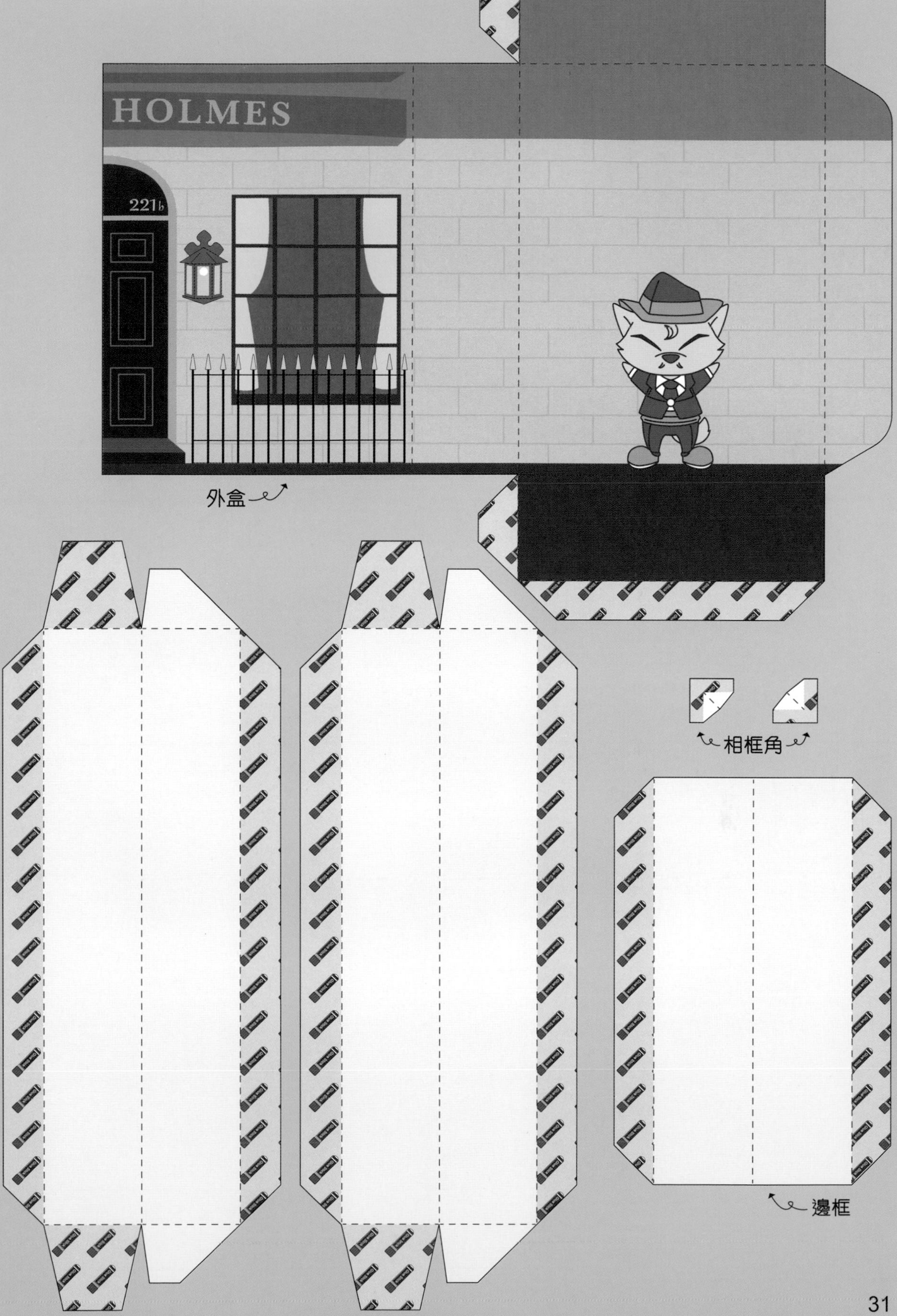

外盒

相框面

相框底

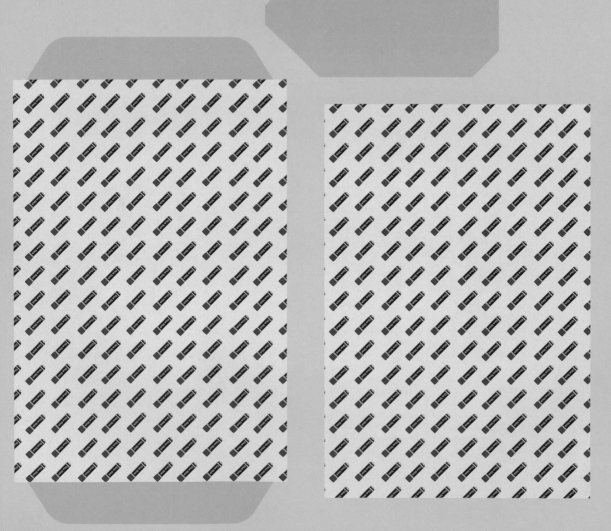

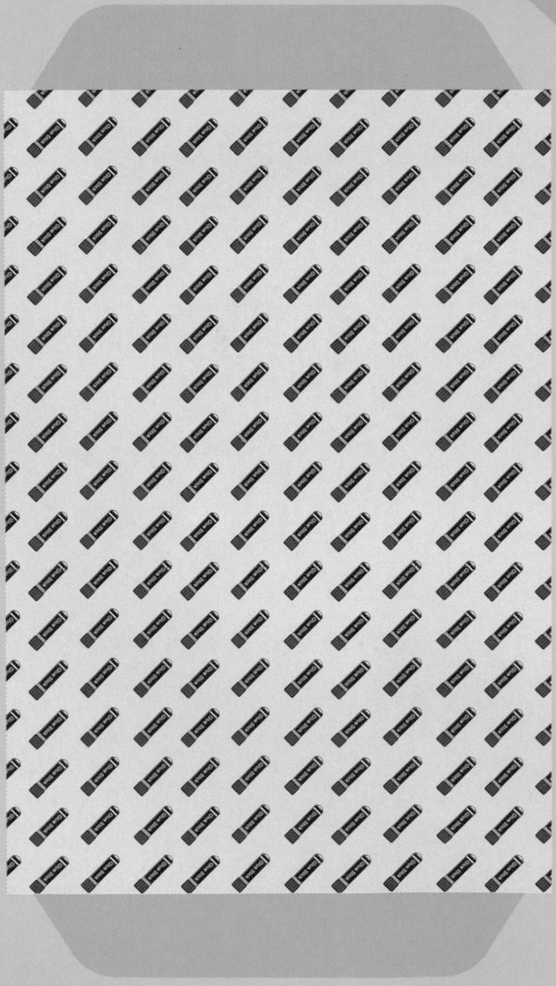

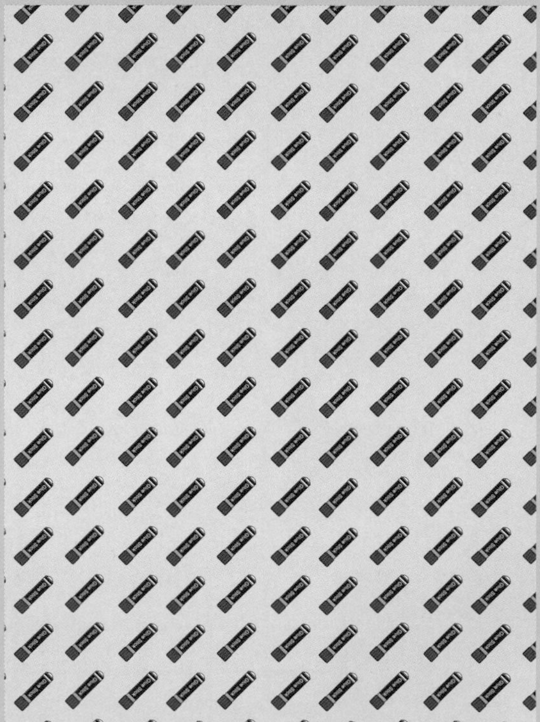

參加辦法

於問卷上填妥獎品編號、個人資料和讀者意見，並寄回來便有機會得獎。

上天下地大冒險

快樂大獎賞

這個世界仍有很多未知的事物，科學家和研究員也在努力找尋答案呢！

A LEGO® City 60348 月球探險車 1名

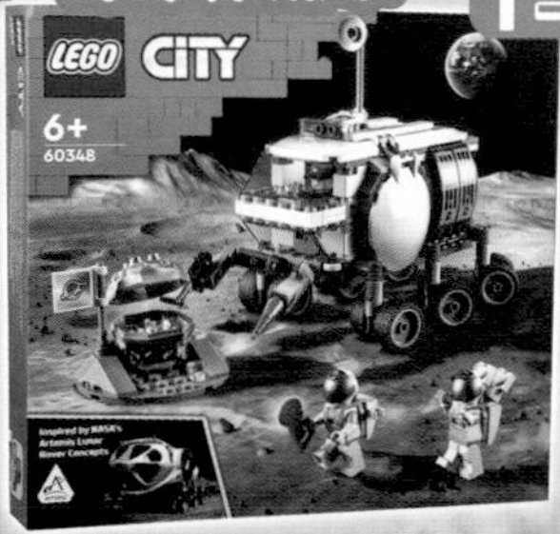

帶着三位太空人一起探索月球！

B 雪糕層層疊 1名

看誰能把雪糕疊得更高吧！

C 錢箱機械人 1名

放下硬幣，機械人就會倒進錢箱，為儲蓄增添樂趣。

D 《誰改變了世界？》①及② 1名

想知道現代發明是誰創造的，就不要錯過了。

E LEGO Technic 42132 Motorcycle 1名

能拼出兩款電單車，享受飛馳的感覺。

F 大偵探動畫機 1名

福爾摩斯為你介紹動畫的原理。

G Play-Doh 班戟套裝 1名

有見過星形班戟嗎？自己用黏土造出來吧！

H 迪士尼萬用袋 1名

可愛的背包小袋子，讓你放進各種東西。

I 解鎖遊戲 1名

四款木製拼圖，考驗耐性與邏輯能力。

第 77 期得獎名單

Ⓐ LEGO®City 60293 特技公園	黎思朗
Ⓑ 電路連珠	石栢晧
Ⓒ 迪士尼背包文具套裝	MAK HIU KWAI
Ⓓ LEGO®Creator 31124 超級機器人	黃梓熙
Ⓔ 大偵探索繩背囊	翁沛楹
Ⓕ 數獨策略遊戲	李柏瑋
Ⓖ《森巴 STEM 科學知識系列》①及②	彭皓瑜
Ⓗ 角落生物多用途記事貼套裝	李芷筠、林澄芝
Ⓘ LEGO 76189 Captain America and Hydra Face-Off	洪啟樂

截止日期 2022 年 10 月 15 日
公佈日期 2022 年 11 月 15 日
（兒童的學習 Facebook 專頁上公佈）

- 問卷影印本無效。
- 得獎者將另獲通知領獎事宜。
- 實際禮物款式可能與本頁所示有別。
- 本刊有權要求得獎者親臨編輯部拍攝領獎照片作刊登用途，如拒絕拍攝則作棄權論。
- 匯識教育有限公司員工及其家屬均不能參加，以示公允。
- 如有任何爭議，本刊保留最終決定權。

特別領獎安排

因疫情關係，第 77 期得獎者無須親臨編輯部領獎，禮物會郵寄到得獎者的聯絡地址。

成語小遊戲

語文

夏洛克和猩仔在嘉年華會玩得不亦樂乎，你們喜歡嘉年華會的歡樂氣氛嗎？看故事的同時，也要留意當中的成語啊！

插翅難飛

長了翅膀也無法飛走，
比喻難以逃走。

「飛天豹，你最終還是被我擒獲呢。」麥克說。

「哼！我一定會逃走的。」飛天豹悻悻然地說。

「是嗎？你快要被送進監牢了，恐怕你**插翅難飛**啊。」

飛天豹像隻鬥敗了的公雞似的，默不作聲地低下頭來。

右面兩個以圖畫表達的成語都有「飛」字，你能猜到是甚麼嗎？

❶ ____ 飛 ____ ____

❷ 飛 ____ ____ ____

心狠手辣

形容心腸險惡、
手段殘忍。

「甚麼？有逃犯？還躲進了嘉年華會？」猩仔瞪大了眼睛，「為甚麼不進去搜捕？」

「哎呀，別那麼大聲啊。」雷斯慌忙按住猩仔的大嘴巴，「這裏遊人如鯽，飛天豹為人又**心狠手辣**，為免傷及無辜，我們不能進行大規模的搜查啊。」

與身體有關的成語有很多，你懂得用「膽、目、腸、心、舌」來完成以下成語嗎？

鐵 石 □ □

性格剛硬，不會被感情動搖。

□ 驚 □ 戰

非常害怕的樣子。

瞠 □ 結 □

吃驚得瞪大眼睛，說不出話。

觸 □ 驚 □

看到可怕的景象而深感恐懼。

如沐春風

「謝謝你們，我叫奧圖，就讓我為你們演奏一曲吧。」

說着，他把小提琴擱在肩膀上，然後輕輕地一拉。就在那一瞬間，悅耳的樂聲隨即翩然而至，令人感到**如沐春風**。

與「風」字有關的成語很多，下面五個全部被分成兩組並調亂了位置，你能畫上線把它們連接起來嗎？

春風 •	• 使舵
風聲 •	• 化雨
見風 •	• 捉影
捕風 •	• 露宿
風餐 •	• 鶴唳

炯炯有神

「哎呀，還磨蹭甚麼？快把樂譜拿來！」猩仔無禮地催促。

「是的、是的。」奧圖慌忙把樂譜遞上。

夏洛克接過後看了看，以**炯炯有神**的眼睛盯着奧圖說：「謝謝你，我會按照樂譜練習的。有緣再會。」

下面是一個以四字成語來玩的接龍遊戲，你懂得如何接上嗎？

❶ 着迷得心神不定，失去常態。

❷ 行事違背常識或風俗。

❸ 多作善行，廣施仁義恩德。

炯	炯	有	神			倒			施	仁		德

答案：

插翅難飛：❶雞飛狗跳 ❷飛蛾撲火

心狠手辣：鐵石心腸、心驚膽戰；瞠目結舌、觸目驚心

如沐春風：春風化雨、風聲鶴唳、見風使舵、捕風捉影、風餐露宿

炯炯有神：❶神魂顛倒 ❷倒行逆施 ❸施仁布德

簡易小廚神

蛋之料理兩吃

通識 親子

用雞蛋做的菜式真是千變萬化，由前菜到主菜到甜品都可以用到。這次製作前菜和經典丼飯，兩款都很下飯呢。

掃描 QR Code 進入正文社 YouTube頻道，可觀看製作短片。

製作難度：★★★☆☆
製作時間：每款約30分鐘
（不包括醃製及冷藏時間）

最好選用日本雞蛋，衛生程度和味道都會較佳。

親子丼 所需材料

醬汁

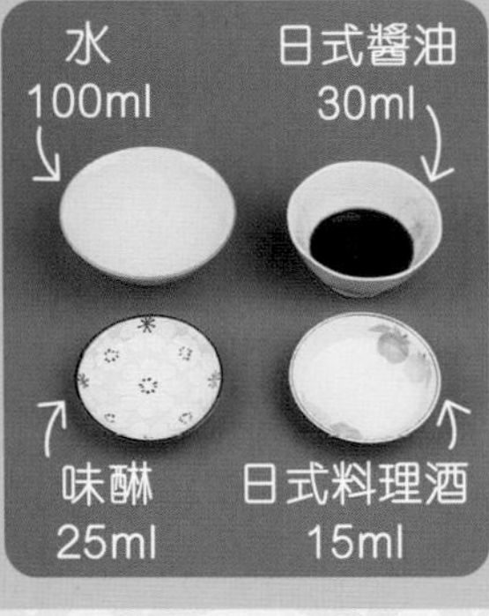

1 雞扒去皮後切成一口大小，以醬油及酒醃15分鐘。

*使用利器時，須由家長陪同。

2 洋蔥切絲。

3 雞蛋發打備用。醬汁混合調好。

4 熱鑊，放入醬汁及洋蔥，中火煮至洋蔥變軟。

*使用爐具時，須由家長陪同。

5 加入雞肉煮熟。

6 以畫圓圈方式倒入蛋液，待蛋液煮至半熟後熄火。

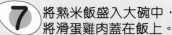

7 將熟米飯盛入大碗中，將滑蛋雞肉蓋在飯上。

韓式醃漬溏心蛋 所需材料

1 將洋蔥、蔥、辣椒切粒，蒜頭磨蓉。

2 將室溫雞蛋放進沸水中，以中火煮6分鐘30秒，途中須不時攪拌。

3 立即盛起雞蛋放進冰水中泡約10分鐘，在水中剝殼較容易分離。

4 將所有材料及調味料倒進較高身容器中拌勻。

5 加入雞蛋，醬料要蓋過雞蛋。蓋好後放進雪櫃冷藏半日至一日。

完成！
玉米糖漿可以在韓式超市或烘焙店買到。沒有的話也可用味醂代替。

令蛋殼不破小技巧

想蛋殼不易破有很多方法，大家可以試試以下幾種。不過雞蛋必須先解凍至室溫，否則溫差易令蛋殼立即破開。

①在雞蛋較圓的一頭以大頭針刺穿一個小孔，讓空氣流動。

②以中火代替大火烚蛋，蛋殼內空氣才不會急劇膨脹，但煮的時間要長一點。

③雞蛋直接放入冷水鍋煮，水沸後才轉中火。

答案：

①倒入蛋液後不要炒，否則蛋液會炒至結塊，只需輕搖鑊子煮至半熟便可。

②這樣可確保蛋黃在中間，切開時賣相較佳。

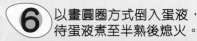

我們每天進食不同食物，但對食的認識有多深？
來做做以下的題目，看看自己答對多少吧！

通識

Quiz 1 雞蛋的營養

做炒蛋、烚蛋還是煎蛋好呢？
雞蛋怎樣煮都好吃的啦。
不同煮法營養是否都一樣？
不一樣，不同煮法會影響蛋白質的吸收。
怎會？都是一樣的雞蛋呀！
請也將我的成績表拿去煮吧，這次是「零蛋」啊。

吃對的煮法

烚蛋：無須用油，是最健康的煮法，佔 99.7% 蛋白質會被人體吸收，蛋黃中的膽固醇沒有被氧化，不會對心血管造成損傷。

煎蛋：半熟煎蛋蛋白消化率達 98%，全熟有 81%，不過若煎蛋用大量油，會令脂肪提升。

炒蛋：蛋白消化率有 97%。部分人會加入牛奶同炒增添滑溜口感，建議用水代替，脂肪和熱量較低。

生蛋：蛋白消化率只有 50%，生蛋白含有抗生物素，會阻礙人體吸收生物素，也難以攝取蛋白質。

吃雞蛋學英語

炒蛋是「fried egg」嗎？ 來學學不同煮法的英語，看到英語餐牌便不用怕啦！

烚蛋：全熟 hard-boiled egg，半熟（溏心蛋）soft-boiled egg

煎蛋：蛋黃半熟 sunny-side up，蛋黃全熟 over egg

炒蛋：scrambled egg

水波蛋：poached egg

Quiz 2 茶餐廳術語②

上次教的術語，我去茶餐廳點菜時有學以致用啊。
茶餐廳文化真的很有趣啊。
上次那些只是入門級，這次再挑戰一下吧！旁邊的術語是甚麼意思？請劃上線連起來吧。

加色 •	• 碟頭飯上加煎蛋
打爛 •	• 乾炒牛河
例水 •	• 碟頭飯上加豉油
制水 •	• 滾水蛋
戴帽 •	• 例湯
和尚跳海 •	• 炒飯

答案

炒飯	和尚跳海
例湯	戴帽
滾水蛋	制水
碟頭飯上加豉油	例水
乾炒牛河	打爛
碟頭飯上加煎蛋	加色

部分解說

打爛：特別指有雞蛋的炒飯，過程中會打破蛋殼加入雞蛋同炒，這個動作便成為代名詞。

例水：例湯通常隨餐免費奉上，一般以廉價食材製作，並只用鹽調味，沒有甚麼味道，猶如喝水般。

制水：乾炒牛河簡稱「乾河」，河床乾了，自然要限制用水。

戴帽：在碟頭飯上鋪上煎蛋，就好像戴了帽一樣。

和尚跳海：現今的茶餐廳已很少供應，它是一種將生雞蛋打進熱水中，加入糖拌勻喝的飲料。因為打蛋時就像光頭和尚跳進海中，故名。

Quiz 3 名不副實的食物④

雞尾包與老婆餅

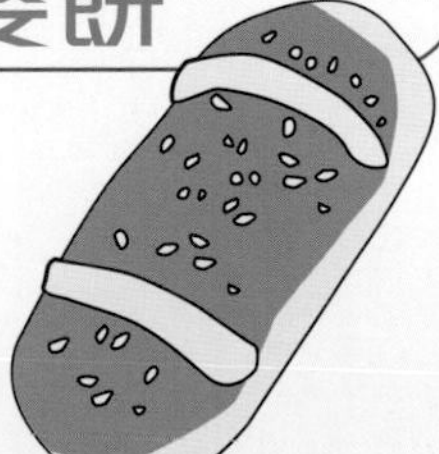

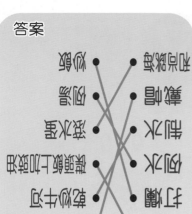

據說在50年代，有麵包師傅為免浪費，便將賣剩的麵包搓碎，再加入糖和椰絲作餡。因為混合了幾種材料製成，就像雞尾酒般，便取名「雞尾包」。

至於老婆餅又稱冬蓉酥，相傳一名廣州酒樓點心師傅的老婆廚藝了得，以冬瓜蓉、麵粉、酥油製成家鄉餅食，師傅將之帶回酒樓給同僚品嚐，無不讚不絕口，故以「老婆餅」稱之。

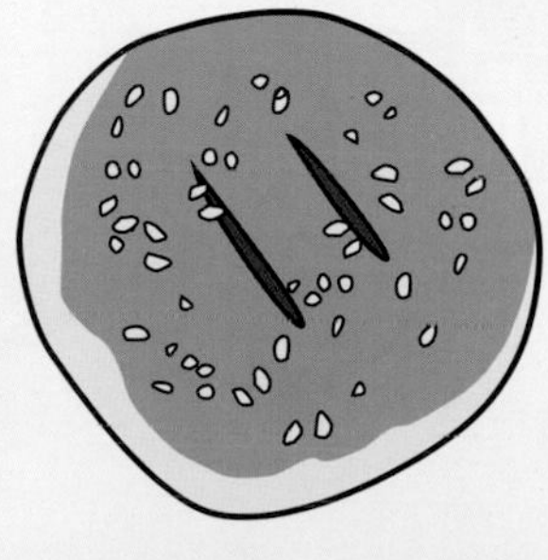

來自瑞士的雞翼？

瑞士雞翼是一家港式西餐廳招牌菜，以帶甜味的滷水汁製成。一名外籍遊客吃過後大讚「Sweet」（甜），侍應卻聽錯為「Swiss」（瑞士），以為食客稱讚帶瑞士風味，便沿用「瑞士雞翼」至今。

1分鐘 提升閱讀能力

賠了夫人又折兵

語文

有些諺語雖然與歷史人物有關，卻不一定是史實，大家知道有哪些嗎？

先看看這個例子吧！

「你無謂自責，我們首先要救出凱蒂。」福爾摩斯對馬奇說，「刀疤雄有沒有說明如何以一命換一命？」

「我已透過中間人與他談好了。」馬奇說，「我自動獻身的話，他就會釋放凱蒂。」

「刀疤雄可信嗎？」福爾摩斯懷疑，「你自動獻身後，他也未必釋放凱蒂呀，到時豈不是**賠了夫人又折兵**？」

「這個倒不用擔心。」馬奇非常肯定，「他一定會釋放凱蒂的。」

「你為何這麼自信？難道你已想出了他必定履行承諾的對策？」福爾摩斯問。

「沒錯。」馬奇點點頭，「你知道我精於騙術，要欺騙他釋放凱蒂並不難，只要你們肯出手相助就行了。」

節錄自《大偵探福爾摩斯 ㉜ 逃獄大追捕II》

不單沒得到好處，
反而吃大虧。

典故

《三國演義》一段講述劉備與孫權在赤壁之戰後平分荊州，可是兩人對這分配都不太滿意。孫權的策士周瑜心生一計，提議孫權假裝要把妹妹嫁給劉備，把對方騙來，借機扣押，諸葛亮就不得不用荊州來換回劉備了。

可是孫權的母親見過劉備後，對他大為讚賞，應允把女兒嫁給他。劉備的策士諸葛亮看穿周瑜的計謀，安排劉備結婚後，利用藉口逃回荊州。

周瑜派兵追趕劉備，卻被諸葛亮的伏兵打敗，所以有「賠了夫人又折兵」一句話了。

哈哈！周瑜自以為聰明絕頂，結果賠了夫人又折兵！

三國鼎立

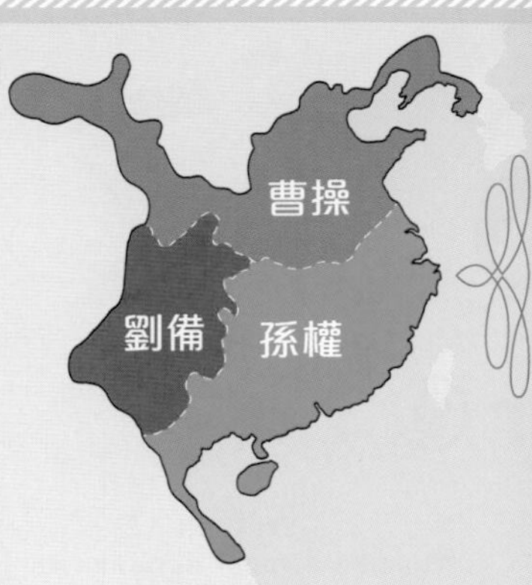

在東漢末年，以黃巾軍為首的人民不滿政府腐敗而起義，政府在各地招攬人才對抗，曹操、劉備和孫權的父親和哥哥都有參與其中。起義平息後，曹操擁護漢室而掌握軍政大權，統治北方。劉備則以皇室後裔的身份得到支持，在西南方集結勢力。孫權繼承父兄功績，廣招賢士，佔據東南方。

後來，曹操舉兵南下來到赤壁，受到孫權與劉備聯軍抵抗。曹操戰敗，之後也無法南攻，形成三方互相制衡的局面。

《三國志》與《三國演義》

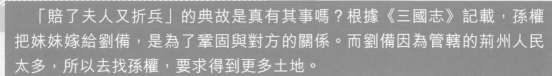

「賠了夫人又折兵」的典故是真有其事嗎？根據《三國志》記載，孫權把妹妹嫁給劉備，是為了鞏固與對方的關係。而劉備因為管轄的荊州人民太多，所以去找孫權，要求得到更多土地。

《三國志》

為陳壽所著，成書於晉朝，記載了三國各自的歷史及人物事蹟。書中以曹操政權為正統。

《三國演義》

小說家羅貫中根據《三國志》及一些民間傳說和戲曲寫成的章回小說，成書於元末明初。因尊崇劉備為正統，所以對曹操及孫權有所貶抑，當中部分內容並不符合史實。

考考你！士別三日，刮目相待

孫權的部下呂蒙驍勇善戰，但沒有讀過甚麼書。

孫權就對他說：「趁年輕多讀一點史書和兵書，充實學識吧。」

呂蒙聽從孫權的話，博覽羣書，後來甚至在議事時辯贏其他人。

將軍魯肅讚賞說：「你已不是那個才疏學淺的呂蒙了。」

呂蒙回答：「士別三日，刮目相待。」

❶ 你知道上面的成語是甚麼意思嗎？

(A) 讓人不忍心再看到。

(B) 進步得很快，令人另眼相看。

(C) 分別沒多久，已想再看到對方。

❷ 以下哪個四字成語與左面的事件有關呢？

(A) 三顧茅廬

(B) 樂不思蜀

(C) 吳下阿蒙

答案 ❶(B) ❷(C)吳下阿蒙

SHERLOCK HOLMES
大偵探福爾摩斯

The Blanched Soldier ⑨

Sherlock Holmes
London's most famous private detective. He is an expert in analytical observation with a wealth of knowledge. He is also skilled in both martial arts and the violin.

Author: Lai Ho
Illustrator: Yu Yuen Wong
Translator: Maria Kan

Watson
Holmes's most dependable crime-investigating partner. A former military doctor, he is kind and helpful when help is needed.

Previously : War veteran Godfrey and private investigator Harp had both gone missing one after another. Holmes took on the case and successfully figured out that Godfrey had been hiding from the world because Godfrey had contracted an incurable disease. They also knew the whereabouts of Harp from Ralph...

前文提要：退役軍人葛菲和私家偵探夏普連環失蹤，接到委託的福爾摩斯出手調查，成功找到患上不治之症而躲藏起來的葛菲。眾人也從葛菲家老僕人口中得知夏普的下落……

The Secret at the Bottom of the Well 井底的秘密

"How could you have done that? What if that private detective weren't dead? That would be murder!" shouted Godfrey angrily after listening to Ralph's recount of the incident.

「你們怎可以這樣！如果那個私家偵探還未死呢？這豈不是變成謀殺！」葛菲聽完老僕人拉爾夫的憶述後大怒。

"I'm so sorry, but that didn't cross my mind at the time. No one objected the idea, so we just..." said the old butler as he lowered his head in immense guilt.

「對不起，我……我當時沒有想到這一點。大家也沒有反對……於是就……」拉爾夫低下頭來，語氣中充滿悔疚。

"Where is that abandoned well? Take us there right now," said Holmes to Ralph.

「那個廢井在哪裏？馬上帶我們去。」福爾摩斯對拉爾夫說。

"Yes! Lead the way quickly!" urged Gorilla and Fox.

「對！快帶路！」李大猩和狐格森也厲聲道。

Ralph nodded and led everyone into the woods. It did not take long for the group to reach the abandoned well. The hefty lid was still lying heavily on top of the well, just like it was on the night of the incident.

拉爾夫點點頭，就領着眾人往樹林走去。不一刻，他們已抵達廢井旁邊。井蓋仍像發生事故的那個晚上一樣，沉沉地壓在井口上。

Everyone stood around the well as though they were observing a moment of silence. With his eyes tightly shut and his legs trembling uncontrollably, Ralph was too afraid to bear witness to the crime that he had "buried" with his own hands.

眾人站在井前，仿如默哀似的不發一言。拉爾夫更緊閉眼睛，雙腿不住地發抖，不敢親眼目睹自己親手「埋葬」的罪行。

Drawing a deep breath, Holmes bent down and gripped the edge of the hefty lid then said to Gorilla and Fox, "Let's remove this lid."

福爾摩斯深深地吸了一口氣後，彎腰抓住井蓋，並向李大猩和狐格森說：「動手吧。」

The Scotland Yard duo nodded their heads then gripped firmly onto the edge of the lid.

兩人聞言點一點頭，不約而同抓住井蓋。

"One, two, three!" On the count of three, they removed the hefty lid then leaned over to look down the well. However, the three men all gasped in shock after just one look.

他們齊聲說：「一、二、三！」「隆」的一聲響起，三人移開了井蓋，並探頭往井內望去。然而，同一瞬間，三人都呆住了。

Is it really that scary? These three men are seasoned *investigators who have seen it all. Is the condition of this* decaying corpse *so horrible that even these three are shocked to the bone?* thought Watson sceptically before he leaned forward to look down the well himself.

「真的那麼可怕嗎？連身經百戰的他們都被腐屍嚇呆了？」華生心中感到奇怪，也趨前往井底看去。

"How could this be? Where is the body?" cried the astonished Watson.

「啊！怎會這樣的？屍體呢？屍體去了哪裏？」華生驚呼。

Taken aback by Watson's words, Colonel Emsworth, Dodd and Godfrey also leaned forward to look down the well. Sure enough, the bottom of the dried-up well was clearly empty!

老上校、多德和葛菲都吃了一驚，連忙也探頭往井底看去，果然，枯竭的井底空空如也，甚麼也沒有！

"How could this be? Are you sure you really did see Harp at the bottom of the well?" shouted Gorilla as he pulled Ralph by the lapel.

「怎會這樣的？你真的親眼看到夏普掉進這個井裏的嗎？」李大猩抓着拉爾夫胸口，高聲喝問。

"Yes…yes… Is his body not at the bottom of the well? But I saw the body with my own eyes," said Ralph in a low, quivering voice.

「是……是的，他不在井底嗎？我親眼看見他倒在井底的啊。」拉爾夫顫抖着聲音答道。

"Is it possible that he had only fainted from the fall? Then upon waking up, he climbed out of the well by himself?" asked Dodd in a mutter.

「難道他當時只是摔昏了，醒來後自行攀上井口逃了？」多德自言自語地問。

"I don't think so," said Holmes bluntly. "If he were able to climb out of the well by himself, he would've returned to London already. He wouldn't still be missing."

「不可能。」福爾摩斯一語否定，「如果他能逃出生天，一定已回倫敦，怎會到現在也人蹤杳然。」

"Then… Someone must've moved the body," said Watson.

「那麼……一定是有人搬走了屍體。」華生道。

Glossary seasoned (形) 老練的、經驗豐富的 decaying (形) 腐化的、腐爛的 corpse (名) 屍體 sceptically (副) 懷疑地 lapel (名) 衣領 quivering (形) 顫抖的 bluntly (副) 單刀直入地、直言不諱地

"That's the only possibility," nodded Holmes. "But who moved the body?"

「這是惟一的可能。」福爾摩斯點點頭，「不過，是誰搬走了屍體呢？」

All of a sudden, Rocky ran off to a far spot in the woods. "Woof, woof, woof, woof!" barked Rocky to the group from a distance.

就在這時，「汪汪汪！」黑狗洛奇不知何時已跑到老遠去了，還站在遠處向他們吠叫。

"Perhaps the clever dog has found the answer for us," said Holmes as he ran towards Rocky, then the others also *followed suit*.

「嘿嘿嘿，這頭黑狗真聰明，看來牠已為我們找到答案了。」說着，福爾摩斯馬上向洛奇奔去。眾人見狀，馬上也跟着跑去。

With Rocky leading them into the deep forest, the group ran for more than ten minutes before a log cabin finally came to sight.

走呀、走呀，走了十多分鐘，洛奇帶領他們走進樹林深處後，一間用圓木搭建而成的小屋映入眼簾。

"That is a log cabin for hunters. Nobody comes here for hunting during winter so it should be empty," said the old colonel.

「啊！那是供狩獵者休息用的小屋，冬天沒人來狩獵，不會有人的呀。」老上校說。

Rocky was the first to reach the log cabin, barking as loud as it could to indicate the location to the group. All of a sudden, the cabin's front door opened and out came a short gentleman, seemingly startled by the loud barks, but he was even more taken aback when he saw the group of men approaching the cabin.

洛奇已一馬當先，奔到小屋前面，不斷「汪汪汪」地吠叫。接着，可能聽到叫聲吧，一個紳士模樣的矮個子從小屋走出來。他看到這麼多人來到，驚訝得呆住了。

The old colonel and Godfrey stepped towards the short gentleman and asked, "Dr. Kent, what are you doing here?"

老上校和葛菲走到那人的前面，問道：「肯特醫生，你怎會在這裏的？」

"I..." Perhaps he was too surprised by the unexpected visit, Kent looked over to Ralph then to Dodd and the rest of

Glossary follow(ed) suit (習) 跟着做

group, apparently lost for words.

「我……」可能太過意外了，他看了看拉爾夫，又看了看多德他們，一時之間答不出話來。

Gorilla leapt forward at once and confronted the doctor in a harsh tone, "Is your name Kent? Did you move Harp's dead body?"

李大猩一躍衝前，惡狠狠地問：「喂！你叫肯特嗎？夏普的屍體是不是你搬走的？」

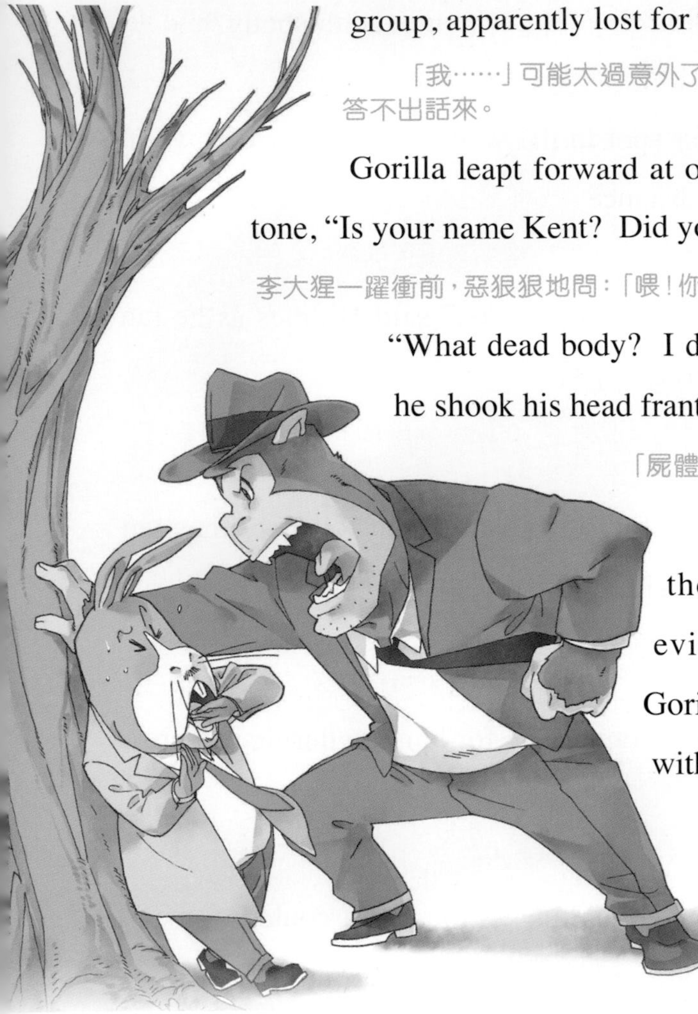

"What dead body? I didn't move any dead body," said Kent as he shook his head frantically.

「屍體？我沒搬走屍體。」肯特拚命搖頭。

"Stop acting daft! Did you destroy the dead body and scrub away all the evidence?" Refusing to be outdone by Gorilla, Fox also joined in the interrogation with his roaring shouts.

「別裝蒜！你想毀屍滅跡，叫警方難以追查，是不是？」狐格森不讓老搭檔專美，也大聲喝問。

"Destroy the dead body? I did no such thing, honest to God!" denied Kent.

「毀屍滅跡？我沒有，真的。」肯特否認。

"You outrageous creep! Ralph has confessed to his involvement already. You can't deny your way out of this!" shouted Gorilla furiously.

「豈有此理！拉爾夫都坦白招供了，你還要嘴硬嗎？」李大猩怒不可遏。

"No. He is telling the truth," said Holmes who was standing by the front door of the log cabin and pointing his thumb towards the interior. "Harp is inside. He is not dead."

「不，他說的都是實話。」不知何時，福爾摩斯已站在小木屋的門口，他豎起拇指往屋內一指，「夏普在屋內，不過他沒死。」

Glossary scrub (動) 洗擦 outdo(ne) (動) 勝過、先聲奪人 interrogation (名) 審問
outrageous (形) 無恥的、可惡的 creep (名) 討厭鬼

Before anyone had time to react to Holmes's surprising announcement, a middle-aged man was already limping his way out of the front door with a crutch in his hand. Needless to say, this limping man was the private detective named Harp who had been missing in the past few days.

眾人還沒反應過來，一個拄着拐杖的中年男人已一拐一拐的步出，不消說，他就是失蹤了幾天的私家偵探夏普。

As soon as he saw Harp, Ralph lost all strength in his legs and fell to the ground on his knees. Tears streamed down Ralph's face as he wailed plaintively, his cries tugging at everyone's heartstrings. The group all knew that those were cries of both sorrow and relief. Ralph was deeply sorry that he had almost committed a monstrous crime, but he was also relieved to see Harp had survived the terrible ordeal.

拉爾夫看到夏普，雙腿一軟，「砰」的一下跪倒地上，「嗚嗚嗚」地哭起來，那哭聲震動了每一個人的內心。大家都聽得出，那是悲喜交雜的哭聲，拉爾夫為自己幾乎犯下彌天大罪而悲，也為夏普意外生還而喜。

Once they were all at the police station, Kent told his side of the story on what happened that night. After Kent, Ralph, Juniper and Gordon placed the hefty lid on the well, they all left the woods and went home. However, Kent went back to the well shortly afterwards to check whether Harp was really dead or not, because if Harp

Glossary limp(ing) (動) 瘸着腳走、跛行　crutch (名) 枴杖　wail(ed) (動) 放聲大哭　plaintivcly (副) 悲傷地
tug(ging) at heartstrings (習) 觸動心弦　monstrous (形) 可怕的

were not dead, then sealing Harp in the well would be the same as killing Harp. The four of them would become murderers committing the most unforgiveable sin of all. Sure enough, when Kent went back to the well, he could hear some weak coughs coming from inside the well. It turned out that Harp had only broken his leg from the fall and was still alive.

在警局中，肯特醫生道出了出事當晚的經過。原來，他們四個人蓋上井蓋逃離現場後，他自己一個人悄悄地折回來，想看一看夏普是否真的死了，因為，如果夏普沒死，他們四人就等同謀殺，是不可饒恕的罪行。果然，井底傳來了「吭吭吭」的咳嗽聲，夏普只是摔斷了一條腿，他並沒有死。

Kent pulled Harp out from the dried-up well, but he did not dare to send Harp to the hospital. He was afraid that his **accomplices** might really plan to kill Harp if they were to find out Harp was still alive. So Kent decided to hide Harp away in a remote log cabin where hardly anyone ever passed by. While treating Harp's injuries, Kent negotiated with Harp, hoping that Harp

Glossary accomplice(s) (名) 同黨

would keep quiet about everything when Harp was well enough to return home. Harp had no reason to refuse his rescuer's request. As soon as Harp's recovery was strong enough to walk with a crutch, Kent sent Harp's cane along with a letter to Harp's secretary, hoping that she would come and help take Harp home. However, coming to meet Kent in the woods were two suspicious-looking men instead of Harp's secretary. Needless to say, those two suspicious-looking men were Gorilla and Fox. Unsure of their identities and intentions, Kent decided not to come out and meet those two men.

肯特把他從井底中救上來，但不敢把他送到醫院去。他害怕半途被其他夥伴發現的話，又會招來殺意。於是，他把夏普藏在人跡罕至的小木屋中，一邊為他療傷，一邊與他談判，希望把他放了後也不會張揚。當然，夏普無法拒絕救命恩人的要求。於是，肯特看到夏普拄着拐杖已可行走後，就把那枝打狗時扔掉的手杖寄給他的秘書，但沒想到卻跑來了兩個來意不善的男人——我們都知道，他說的是李大猩和狐格森。為安全計，肯特只好爽約，沒走出來與兩人見面。

After the whole story had finally come to light, Holmes and Watson boarded the next train back to London while Gorilla and Fox stayed behind to handle the leftover affairs concerning Ralph and the others.

一切水落石出，福爾摩斯留下拉爾夫等人讓李大猩和狐格森處理，自己則與華生一起登上了回倫敦的火車。

"What a **bizarre** case," said the **intrigued** Watson after finding their seats on the train.

「真是一宗奇案呢。」華生找到位子坐下後，馬上不掩興奮地說。

"Bizarre indeed. It's most fortunate that both Harp and Godfrey are fine, otherwise it could've been a terrible tragedy." Holmes let out a deep sigh before continuing, "In a way, there weren't any real villains in this case. The old butler Ralph, Dr. Kent, the hotel owner and the pub owner were all simple, decent people. Murder was an idea that never crossed their minds. It just so happened that they were forced into a situation that made them think they had no other choice."

「是啊，幸好夏普和葛菲都沒事，否則就是一個叫人痛心的悲劇了。」福爾摩斯深深地歎了一口氣，「其實，案中並沒有壞人，老僕人拉爾夫、肯特醫生、旅館掌櫃和酒吧老闆都是老實人，他們從沒想過殺人，只是一個偶然，在陰差陽錯下令他們心中起了殺意而已。」

"That is true. If Harp hadn't fallen down the well, I don't think they would have

Glossary bizarre (形) 奇異古怪的、怪誕的　intrigued (形) 好奇的

the guts to kill a man **with** their **bare hands**," agreed Watson.

「對，要是夏普不是失足掉下井中，相信他們也沒膽量下手殺人。」華生同意。

Looking **pensively** at the scenery passing by the train window, Holmes nodded and said, "That just shows how **fragile** human nature can be. When placed in a specific situation under certain circumstances, even those who never step **out of bounds**, those who would never willingly harm anyone, not even an ant, could lose their **conscience** and commit the most heinous sins in a flash. That's why we should always stay alert and be **mindful** at all times."

福爾摩斯點點頭，若有所思地凝視着窗外的風景，道：「人性就是這麼脆弱，就算平時循規蹈矩，連螞蟻也不敢殺一隻，可是，在某種特定的環境和條件下，卻往往無法把持得住，一個閃念就會犯下兇殘無比的罪行，我們每一個人都得警惕啊。」

Glossary with one's bare hands (片語) 赤手空拳、徒手　pensively (副) 沉思地、若有所思地
fragile (形) 脆弱的　out of bounds (片語) 越界　conscience (名) 良知　mindful (形) 小心的、留心的

⑤⑨ 鼠竊狗盜謀殺案

華生應邀出席一個衣香鬢影的舞會，認識了一位自稱羅蘭德上尉的紳士。原來此人真名貝利，雖是軍人出身，但早已淪為竊賊。他混入舞會中只是為了順手牽羊，偷些東西餬口。不巧的是，他在物色獵物時，竟碰到年輕時曾彼此傾慕的寡婦蔡特夫人。

貝利正苦惱如何脱身之際，卻發現夫人正在僻靜的花園用哥羅芳為蛀牙止痛。財迷心竅的他看到夫人的寶石吊墜後兇性大發，竟用哥羅芳令她陷入昏迷。然而，他倉惶逃離現場時卻遺下了自己的大衣。

福爾摩斯和華生如何抽絲剝繭，從茫茫人海中找出貝利的居所？一個小偷與貴婦的小故事，不但道出了殘酷的現實，同時也顯現了浪漫的人性光輝。

已經出版

大偵探福爾摩斯⑥⓪ 替天行道
10月中旬出版

f 大偵探福爾摩斯

各大書店、報攤、7-ELEVEN 及 OK 便利店有售！
登入 www.rightman.net 選購更可享折扣優惠！

讀者信箱

每次收到的問卷或網上問卷中，也看到很多熟悉的名字，無論是新加入的讀者，還是支持多年的讀者，感謝各位！

《兒童的學習》編輯部

葉卓澍

請問甚麼是太陽能？

從能源科技來說，太陽能是把太陽能量轉換成電能的技術，以光伏板把太陽輻射轉化，或用太陽把水加熱來發電。在日常的角度，在太陽下曬乾衣服也是利用太陽能啊。

希望刊登 *讀者意見區 希望中獎

在巧手工坊中，Q3那一題只有11個箭號，但答案卻寫着12，我並不明白為甚麼，希望被解答。

黃凝

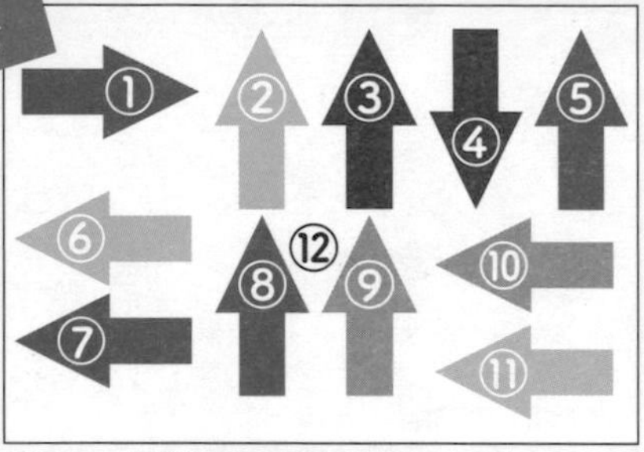

其中一個箭號隱藏起來了！

陳錫樂（同埋家姐）

9分

請問在「巧手工坊」（福爾摩斯遊戲卡）Q15 的答案為甚麼是「MUSIC」？（看完提示和答案也不明白 ●）

鄧儁亨

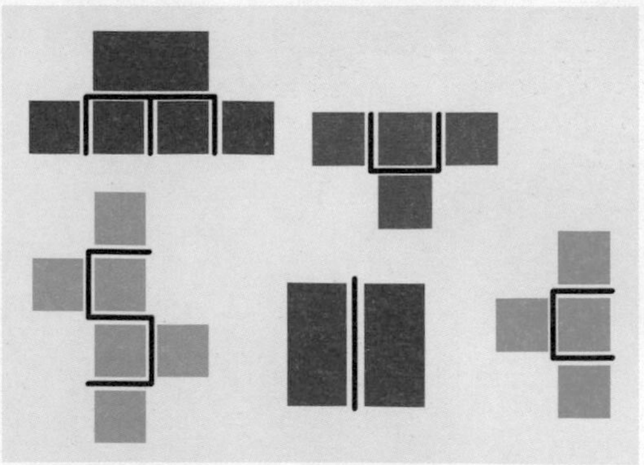

把遊戲卡放遠一點，就能在方格之間的空隙看到答案了。

陳柏言

森巴內容很搞笑，我每一期都追看。

那你有看《森巴 STEM》系列嗎？

8分

吳思澄

地殼由數個板塊組成，下面有極高溫的岩漿，岩漿在板塊交界脆弱的地方噴出，形成火山。在火山下，部分岩漿因浮力上升，聚集成岩漿庫，當岩漿庫內的岩漿和氣體一直累積，就會在火山口噴出，造成爆發。

SAMBA FAMILY

1. Samba. Robot

ARTIST: KEUNG CHI KIT **CONCEPT: RIGHTMAN CREATIVE TEAM**

© Rightman Publishing Ltd./ Keung Chi Kit. All rights reserved.

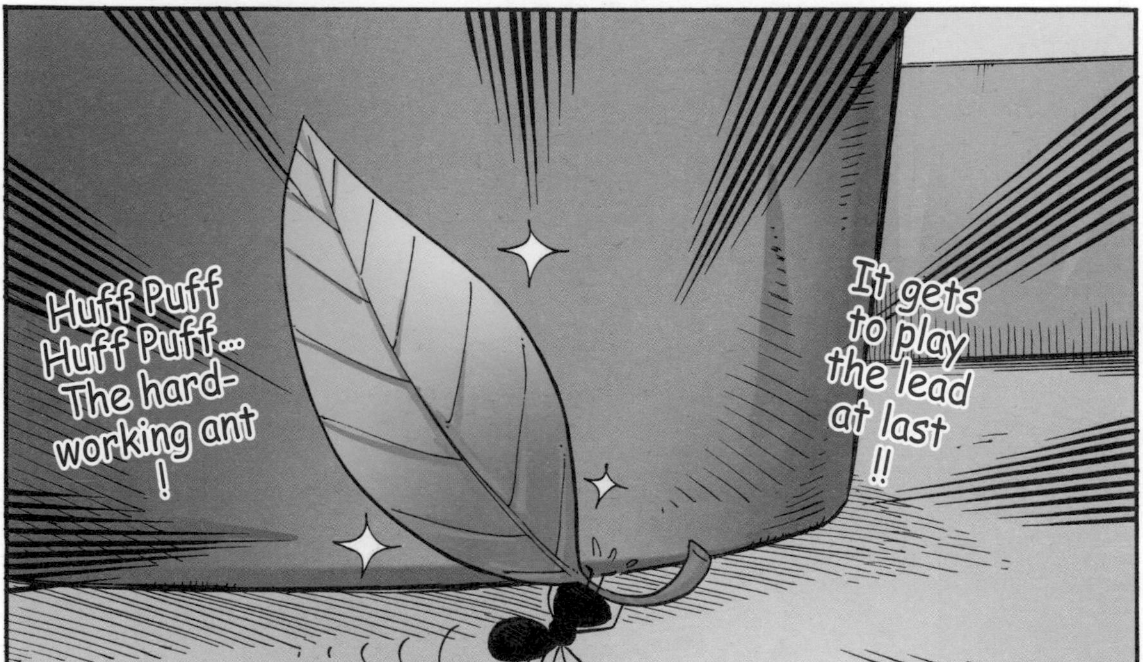
Huff Puff
Huff Puff...
The hard-
working ant
!
It gets
to play
the lead
at last
!!

唏呵唏呵……螞蟻辛勤地工作！　　今期終於做主角!!

PA
!
Argh
~~~~

啪—　　呀~~~~
~~~~

咦？為何會有個包裹放在門前？

呵~~~~~　早晨小剛！　還有一封信！　難道……

甚麼？又去旅行？

小剛：爸爸和媽媽去了外地旅行，這幾天無法照顧你了，所以製造了這個機械人幫助你……你要好好和它相處啊！　爸媽

算吧！先看看裏面的機械人！

哇~~~

森巴！你在裏面會塞息的！

啪—

嗚呀~~~~　哈　哈

可惡！一起床就戲弄我！　　哈~~~~~~~~~~~~~

別跑!!　　哇！小心！　　幸好早餐仍絲毫無損。

Stop !!
Whoa! Watch it!
Luckily, breakfast is still intact.
Huh? You are...

咦？你是……

在下是太太製造的機械管家阿發！　　專責照顧兩位公子。　　請兩位到飯廳享用早餐。

I am Ah Fat the butler robot, created by madam !
At the service of you two masters.
Please go to the dining room to have breakfast.
?
Ok !

好！

Damn! You play tricks on me when I get up !

今天的早餐是香腸、雞蛋和魚，請慢用。

砰—

你看！這些能吃嗎!?　早餐……？　啊！是嗎？

這是甚麼!?　香腸！焦一點較好吃！

But second master is enjoying it.
Burp
I have something else if you do not like this!
Err? What?
但是二公子吃得津津有味。
嗝
如果你不喜歡，我還有其他。
哦？是甚麼？
HAPPY BIRDSDAY
Huh? A birthday cake?
Whose birthday is today?
It is mine!
Err...
咦？生日蛋糕？
今天是誰生日？
是我的生日！
嘎……

Ah! Forgot the candle!
呀！忘了準備蠟燭！
Oh! Thank you second master!
噢！謝謝你二公子！
*Kids, do not imitate.
*小朋友切勿模仿。
Wah~~~ It is danger-ous!
哇~~~好危險呀！
HAPPY BIRTHDAY TO YOU~~!
HAPPY BIRTHDAY TO YOU~~!
祝你生日快樂~~祝你生日快樂~~
I will blow it out!
Beep
讓我吹蠟燭吧！
咇
Boom!
蓬一

那個蛋糕……　　哈哈……　　哈　哈

大公子，吃蛋糕吧！　　你叫我怎樣吃!?　　吃　吃

算吧！我甚麼都不吃了！　　快點清潔地板！　　是！

唔……？　吣—

你怎知道的？

發生甚麼事？　沒　電　哈　充　電　唔？連怎樣充電也知道？

甚麼？這麼小的機械人要用這麼大的充電器？ 充電

咦？難道這個是充電座？

充電 充電

噗一 呀~~~~舒服多了!! 滋滋

充電完成

好！繼續工作！　它的身體構造真特別！

清潔~~清潔~~清潔~~

哇~~~

呀！不要！很危險的！

啪!!

Samba ~~~~!!!

森巴~~~~!!!

Ahhh~~~~~~~~

呀~~~~~~~~

Ho
You are not robot, no charging is needed !

呵 你又不是機械人，毋須充電啊！

Hey! What's wrong ?

喂！有甚麼事？

巴　　　　　　滋滋~~~　　　　哇~~~~呀~~~~

燒 焦　　　　　　　　　　砰—

阿發，救……我……　　　　　　啊？

喂！我不是垃圾！

唉~~還說這個機械人會照顧我……

它弄得我這樣……

唉！可憐蟲！

你還在貧嘴！
我在說你啊！

讓我替你按摩吧！

你懂嗎？

舒服嗎？

哈~~~總算有點用處！

我 又 按

哈~~~不用了，你這樣
我會死的……　　哇　　砰—　　按

按 按　　救命呀！阿發，快點阻止他！　　是！知道！

嘿!! 保護主人！排除敵人！

咔喇—

呀~~~~~~ 你打掉了森巴的腦袋啊~~~~~！

唔？

哈　　　呀！不知道小剛與那些機械人相處得怎樣呢？　　　哈

哇~~~~連森巴都去了旅行！　　　為何不帶我一起去!?嗚~~~~~　　　哈~~~~~~　　　完……

兒童的學習 NO. 79

請貼上
$2.0郵票

香港柴灣祥利街9號
祥利工業大廈2樓A室
兒童的學習編輯部收

大家可用
電子問卷方式遞交

2022-9-15 ▼請沿虛線向內摺

請在空格內「✔」出你的選擇。

問卷

有關今期內容

Q1：你喜歡今期主題「常識大百科2」嗎？

01☐非常喜歡 02☐喜歡 03☐一般 04☐不喜歡 05☐非常不喜歡

Q2：你喜歡小說《大偵探福爾摩斯——實戰推理短篇》嗎？

06☐非常喜歡 07☐喜歡 08☐一般 09☐不喜歡 10☐非常不喜歡

Q3：你覺得SHERLOCK HOLMES的內容艱深嗎？

11☐很艱深 12☐頗深 13☐一般 14☐簡單 15☐非常簡單

Q4：你有跟着下列專欄做作品嗎？

16☐巧手工坊 17☐簡易小廚神 18☐沒有製作

*讀者意見區

*快樂大獎賞：
我選擇(A-I)

只要填妥問卷寄回來，
就可以參加抽獎了！

感謝您寶貴的意見。

*本刊有機會刊登上述內容以及填寫者的姓名。

請沿實線剪下

請沿實線剪下

請在此部分塗上膠水。

請在此部分塗上膠水。

讀者檔案

#必須提供

#姓名：	男 女	年齡：	班級：
就讀學校：			
#聯絡地址：			
電郵：	#聯絡電話：		

你是否同意，本公司將你上述個人資料，只限用作傳送《兒童的學習》及本公司其他書刊資料給你？（請刪去不適用者）

同意/不同意　簽署：__________　日期：______年____月____日

「收集個人資料聲明」可參看右頁

讀者意見

A 學習專輯：常識大百科2
B 大偵探福爾摩斯——實戰推理短篇 樂譜的呼救
C 巧手工坊：大偵探福爾摩斯盒子相架
D 快樂大獎賞
E 成語小遊戲
F 簡易小廚神：蛋之料理兩吃
G 食物Quiz
H 1分鐘提升閱讀能力
I SHERLOCK HOLMES：The Blanched Soldier ⑨
J 讀者信箱
K SAMBA FAMILY：I. Samba. Robot

＊請以英文代號回答**Q5**至**Q7**

Q5. 你最喜愛的專欄：
第 1 位 19__________　第 2 位 20__________　第 3 位 21__________

Q6. 你最不感興趣的專欄：22__________　原因：23__________

Q7. 你最看不明白的專欄：24__________　不明白之處：25__________

Q8. 你覺得今期的內容豐富嗎？
26☐很豐富　27☐豐富　28☐一般　29☐不豐富

Q9. 你從何處獲得今期《兒童的學習》？
30☐訂閱　31☐書店　32☐報攤　33☐OK便利店
34☐7-Eleven　35☐親友贈閱　36☐其他：__________

Q10. 除了《兒童的學習》，你還有購買其他正文社出版的書籍嗎？（可選多項）
37☐《兒童的科學》普通版　38☐《兒童的科學》教材版
39☐《大偵探福爾摩斯》系列　40☐《實戰推理》系列
41☐《數學偵緝》系列　42☐《福爾摩斯》英文版系列
43☐《福爾摩斯》漫畫版系列　44☐《誰改變了世界?》系列
45☐《森巴STEM》系列　46☐《科學大冒險》系列
47☐《少女神探 愛麗絲與企鵝》系列　48☐《名偵探柯南》系列
49☐沒有購買　50☐其他：__________